长白山动物家园

# 河流笔记

■ 朴正吉 著

U0345031

长春出版社

全国百佳图书出版单位

图书在版编目（ＣＩＰ）数据

长白山动物家园. 河流笔记 / 朴正吉著. -- 长春：
长春出版社, 2024. 10. -- ISBN 978-7-5445-7602-4

Ⅰ. S718.55

中国国家版本馆CIP数据核字第202490PV61号

长白山动物家园——河流笔记

CHANGBAISHAN DONGWU JIAYUAN——HELIU BIJI

出 版 人　郑晓辉
著　　者　朴正吉
责任编辑　高　静　闫　言
封面设计　王志春

出版发行　长春出版社
总 编 室　0431-88563443
市场营销　0431-88561180
网络营销　0431-88587345
地　　址　吉林省长春市朝阳区硅谷大街7277号
邮　　编　130103
网　　址　www.cccbs.net

制　　版　长春出版社美术设计制作中心
印　　刷　长春天行健印刷有限公司

开　　本　787mm×1092mm　1/16
字　　数　185千字
印　　张　14.25
版　　次　2024年10月第1版
印　　次　2024年10月第1次印刷
定　　价　75.00元

　　我的家在长白山。幸运的是我能够长期从事自己喜欢的事情，而这些事情又与我从小生活和熟悉的河流有关。我的自然观察是从头道白河开始的，在这里我接触了中华秋沙鸭，认识了许多野生动物。我对中华秋沙鸭的观察怀有一种极大的热情，我敬佩那些精灵。

　　在这里，我目睹了一条河从畅通无阻、一泻千里的状态，变成一道道河坝拦截的景象，从富有生命变得毫无生气，然后又自然恢复的过程。几十年来，在这条富有变化的河流中，我寻觅和遇见许许多多拥有超凡天性和卓越生存本领的动物，哪怕只是一个不起眼的细节也会引起我的兴趣，促使我去思考、去探索。当我几乎将一生置于河流的世界，我感受到了河流的神秘和河流生态系统的复杂，遇到了无数等待去探索的科学奥秘。

　　我以河流生态系统中具有代表性的中华秋沙鸭为主要观察对象，记录了一些动物的生活习性，以及野生动物、人类文化与水相互关联的故事。为从生态学角度观察河流及河流生态系统构成的生物链，以及它们之间的相互关系，我走进了河流和野生动物的世界。目前，我深感很少有书籍论及有关河流野生动物的生存情况，希望我的河流笔记能够唤起人们对河流生态的关注，并成为呵护河流的良好开端，为自然保护留存一些文字方面的材料。

本书共分五篇章，分别为生命的河流；头道白河；河流中的精灵；河流资源的竞争；人类、动物和河流的交流。

第一篇通过一条河里的生物、一个老人的讲述、一种石蛾，描述了长白山河流野生动物的组成以及河流生态系统的复杂性。我在《水从这里流淌》中，阐述了水、植物、动物及人类都是这个系统的共同体，各成员相互依赖，每个成员都是不可缺少的；在《石蛾》中叙述了石蛾的变化引起的鱼类资源、水栖动物、人类文化等一系列连锁反应。

第二篇描述的是我生活和观察自然的头道白河，列举了我的生活、接触自然中让我感兴趣的那些经历和我后来执着地一心一意观察河流野生动物的研究历程。

第三篇主要描述了中华秋沙鸭的生态习性和共同栖息于河流的其他动物的生活习性。

第四篇从资源竞争角度，描述了中华秋沙鸭的寄养现象、种间和种内对栖息地空间和食物资源的竞争及其与其他动物之间的关系。其中的两节讲述了这个被人类关注的物种面临的困境，试图解释中华秋沙鸭濒危的原因。

第五篇从人类、动物和河流的交流角度，列举了中华秋沙鸭所面临的危险，如河坝、摄影客等。在多种多样的依然美丽的河流景观中，只有细心观察自然的人才能看到中华秋沙鸭栖息地空间资源的重要性。在《威胁来自何方》中，我描述了头道白河在宝马古城的上部拦截筑坝，将河水引向其他河流而使头道白河下游几十公里的河段干枯的现象。实际上，随意以发电为目的地改变河道对生态是不利的，会使一个个动物和植物区系遭到破坏。

现代捕捞技术的发展，钓鱼文化的改变，使得一些传统的有价值的东西在消失。我对在野外的河里野钓总有一种深深的向往，曾在最原始的流域——头道白河做过一次长距离的钓鱼尝试。我在《甩毛钩的季节》中描述了重新回味这个古老风俗的体会，在我许多经历中，这是最丰富多彩和令人难以忘记的一次体验。

近年来，我开展了关于中华秋沙鸭种群数量增殖技术和保育方面的研究，观察到许多值得关注的河流生态问题。在《现实与期盼》中，我表述了人类适度的干预可以促使这里的河流向着完美的状态发展。

本书中大量使用了野外自然状态下充满野性气氛的生态照片，还加了一些手绘图，注重把那些有故事的动物充分表现出来，直观地展示文字描述的内容。

这些文章记下了使我印象最深的那些观察和难以忘怀的经历，如果读者从中找到了情感的共鸣，或是有了一些自己的想法，那么这些文章所实现的便远远超出了我的期望。在这里，我衷心感谢长期陪伴我从事野外调查工作的同事，感谢所有支持我、激励我、帮助我的朋友。

# 目　录

第 **1** 篇

生命的河流

# 水从这里流淌

　　每当走进森林里，总会感受到树木和青草呼吸时散发的清新气息。林中的泥土、枯枝落叶、树冠、腐朽的倒木，都吸纳了充足的水分，它们悄无声息地进行着森林与大气之间的水循环，维持着湿润、舒适的生命王国。在这里，水的气息是可以触摸到的。除了风、小鸟、枝叶和昆虫的声音，非常动听而有节奏的声音便来自水。滔滔不息的森林溪流流动的声音，有时是温和的潺潺流水声，有时是水花飞扬滚动的浪涛声。当森林寂静的时候，可以领略到水珠从草叶或树冠上滴落的滴答声，感受到从石缝儿中或地表中缓慢渗出来的细语声。在这个史诗般的森林王国里，所有的生物体内流动着生命的水。植物从土壤中吸收水分，传输到各个部位，使植物体显得格外青绿、饱满、有活力。鸟类、兽类、两栖类、爬行类和无脊椎动物等也离不开水，体内的水分是一切生命活动、生化过程的基本保证。

　　每条河流都遵循着自己的轨迹，在大森林中弯弯曲曲地流向低处。它们缓缓流过平缓的树林，流过雄壮美丽的大峡谷，在幽暗的森林深处闪耀着光的色彩，不断地在大地上塑造着美丽的景色。河流总是吸引着无数的生灵前往。长年不曾改变的森林溪流静静地流淌着，在溪流的两岸，是动物们的家园，记

载着历史的和现实的故事。

　　河流塑造了奇迹般的长白山大森林景观，比如锦江大峡谷，河谷堆积的火山灰在水的冲刷和长年风化的作用下，在峡谷两边形成了奇形怪状的雕像和壁画般的艺术品。这个峡谷，有水、绿色森林和大自

◎森林中淋漓的水瀑

◎森林小溪

然的雕塑，酷似一个自然艺术的长廊。类似的规模不大的峡谷在长白山森林中有很多，都是奇特的火山地貌景观。火山是形成长白山地貌景观的最重要的基础，火山造就的是底质，而水造就的是这里的典型植被和独特地貌。

宏伟壮观的长白山有着丰富的水系，松花江、鸭绿江和图们江都从长白山发源，其中最大的松花江水系不断延伸，汇集了周边许多河流，最后流入大海。这三个主要水系冲积出东北广袤的大地，形成了东北三江平原。以松花江为代表的河流，形成了周边区域人们生活和文化的面貌。松花江水系起源和发展，写满了关于人类的文化、历史与水的亲源故事。水系把森林的木材，包括植物、动物等所有东西，都跟民族文化联系起来了。

没有风的时候，森林中的山谷总是特别安静，只剩下涧溪的潺潺水声。寂静中站在溪岸边，聆听静静的流水声，是一种自然的享受，同时你可以看到不知从何处顺水漂流的枝干，经过了水的洗礼，形成形态古怪的流木，形似山峰、小兽、小鸟或鱼，随着你的想象，它的形态可以变得更加神奇。

在河水中行走，可以感受到流水的力量，飞溅的水花，周边不断变化的风景，让人真正体会到水的本来面貌。在河流舒缓处，水晶般透明的水下，形状各异的小石头，在光和水波的作用下仿佛在跳动，而底栖动物则附着在石壁上缓慢移动，甚至可以看到逆流游动的小鱼摆动着鱼鳍等待顺水而下的食饵。

# 沿河旅行

———————

　　沿着水流融入自然、观察自然，可谓充满奇幻的旅行。如果是走进没有人类过多涉足的河流，那应该是最理想的了。在长白山，像这样的河流不多了——人类生活与河流相伴，房屋建在河边，大多数村与村、城市与城市连接的道路也与河流相伴而行。尽管大多数河流已经与人类活动关系密切，但在长白山原始森林里，还有一些很少受到人类干扰的河流。从长白山苔原带发源的三道白河就较好地保持着原始状态。三道白河水冲刷出一条狭窄的沟谷，岸边倒木纵横交错，行走非常艰难，因此很少有人活动。

　　向往这条河的心意已久，我总算启程逆水而上。夏季，进入茂密的原始森林，即使是白天，太阳的光线也像黄昏似的暗下来。透过树冠层不大的空隙，我看到了蓝天和白云。脚下一片片厚厚的苔藓，踩在上面就像在海绵上行走，松软而有弹性，给人一种失衡的感觉。在布满青苔的绿色针叶林中，随处可见大树像幽灵般倒伏在地上或横在河流中，湿润的空气使倒木上布满了苔藓，有的倒木上面还长着幼小的云冷杉树苗，从老龄树到幼树，构成了鲜明的树木分层的更替轮廓。

　　随着地形的变化，狭窄的河谷忽然变得宽了一些，也变得浅了一些。河流中出现了冲积的火山浮石和火山灰堆积的水渚，上面零星生长着矮小的高山菊，开着白色的花。湿地上，马鹿的足印和粪便随处

雌

雄

雄 亚成体

◎鸲姬鹟

可见。河谷边一棵枯立木的枝丫上，蓝歌鸲唱着婉转动听的歌，它的歌声最洪亮，能传出很远。从云杉、冷杉的树冠层上，传来黄腰柳莺、黄眉柳莺和冕柳莺不停鸣叫的声音，但看不到它们的身影。树冠下幽暗的中层，鸲姬鹟在干枯的侧枝间低声细语，它像幽灵一样，总是跟着人，仿佛想送你一程。

　　天空中黑云压过来，一阵风的声音从远处传来，森林里突然变得黑暗，鸟儿停止了歌唱，纷纷躲进了密林深处。雨水拍打树的声音渐渐响起，树头在摇摆，雨点的滴答声，越来越大，越来越密集。倾盆大雨从天而降，湿润了整个树林，低洼的地方很快形成了小水流，裹挟着沙子流向河谷。这场突如其来的降雨持续了十多分钟，才慢慢停下来了，天空中只剩几朵白云随着风快速移动。风静了，太阳依旧那

◎岩石与急流

么耀眼，阳光透过树林的缝隙照到地面，被水汽折射形成一道道光束。在森林里，这种场景只有雨后才有。

树冠上的雨水还在一滴一滴落下，落到我的头上，渗入我的衣领。我前行了一段距离，在河流拐弯的地方，岸边出现了高出地面的沙包，在沙包前的土壁上可以看到漆黑的土洞，很像西部土壁上的窑洞，洞口朝向河流。从洞口前沙包上生长的毛赤杨小树来看，这个洞的形成有好些年头了。洞口直径约 1 米，洞口的边缘很光滑，说明这里经常有动物出入。离洞口不远处有熊的足迹和粪便，足迹很大，比我的鞋印还大出一个指头，在不远处横着带有鲜血的马鹿大腿骨，腿骨的一端被咬断，这分明是一头大棕熊吃剩的骨头。这里是熊的领地！我顿时感觉毛发悚立，充满恐惧感，还是快快离开这里吧。

没走几步，几棵倒在一起的大树挡住了我的路。绕过倒木群，接着是一个小斜坡，在这里我发现了熊捕鹿的痕迹。地面上到处是马鹿的毛，还有它挣扎时的深深的足印，但没有看到鹿头和鹿骨。也许，棕熊把这些能吃的肉和骨头都藏起来了。这里的地势较下游平坦多了，谷底的水清澈，沙砾顺水滚动，岸边低洼的地方经雨水冲刷出通向河边的通道，这些通道已经成为马鹿饮水的鹿道。路面的光滑和坚硬程度表明，这里是马鹿长年饮水的地方。沟的两岸向上，清晰可见从四面八方汇集到这里的兽道。

穿过针叶林，走过一片草地，在岳桦林和苔原带接壤的坡地上，向断崖式塌陷的沟谷中俯视，一条瀑布出现在我的眼前，那就是长白山三道白河的岳桦瀑布。瀑布的水量不大，落差约 30 米，但夹在两侧高山之间，水流淌的声音显得很大。从高处坠落的水，产生的雾气笼罩在山谷中，久久不散。我在这里停下来休息，身边有很多体色鲜艳的丽斑麻蜥，仿佛在草丛和岩石之间玩捉迷藏。我试图用自己的帽子捕捉一只做标本，可是它们太敏捷了，我每次都扑空。看起来这里很长时间没人到访过，只有马鹿从山顶下到河边饮水的足迹。一路见到很多马鹿在眼前出现，它们似乎围绕着这条河生活，而熊类也是利用这里的峡谷环境，从峭壁缺口下到河边的鹿道上捕食马鹿。整整一天的时间我走完了一段河，这条河在我的记忆中继续流着，再有机会的话，我还想要重走一次这条路线，观察这条河会有怎样的变化。

在长白山，我走过了许多河流，但给我印象最深的是一条小溪流。这条小溪发源于长白山山麓的北坡，有很长的河段是地下暗河，上游是非常狭窄的两三米宽的河，就像在石缝儿中流淌似的。接着是火山灰堆积的谷底——没有被火山高温熔解的火山灰被水冲刷出来的大峡谷，谷底深约20米。这条小溪叫十二道河子，周边几公里外没有其他河流，所以这一带的马鹿群都集聚在这里饮水。每年这里都有马鹿死亡，我曾经在这里见到鹿道上被人类设钢丝套套死的20多头马鹿，也见到过为了吃死去的鹿而被钢丝套勒死的熊等。

火山岩不断被风化和水浸，河谷两侧沙石壁脱落，使地表层根系盘绕的土在石壁上悬空。有时体重很重的马鹿不小心走到这个悬空的地方，会因压塌土而坠入河底丧命。这条河本来是动物获取水的源泉，现在却成为人类的狩猎场。

# 桃花水

在针阔叶混交林带有一条无名河，是从地下渗出的温泉河。河边的岩石上布满青苔，岩石缝隙中有许多靠些许养分就可以生长的小草。我很喜欢这条河，因为这条河的景色如一幅优美寂静的画，我时常来到这里，寻找自己想要的东西。

四月，覆盖整片森林大半年的积雪在阳光的照射下渐渐融化，融化的水，静悄悄地融入河流中。因为这河水是春天桃花盛开的时候汇集的水，所以被人们称为"桃花水"。河水升始上涨，流动的瞬间真的美极了，比平常更充满活力。平静了一冬的河水，开始有鱼类逆水而上，细鳞鱼、黑龙江茴鱼、条鳅和小柳根鱼有序地来到这里产卵。河水中的草虾，弯曲着身体，或在石缝儿之间侧着身游来游去，或在小石头底下或水浸枯木下集群。这些个头不大的小草虾是鱼类和水禽的优质食料。

河岸边还没有完全融化的雪地上残留的大脚印，还有一些被翻动过的石头，表明几头熊曾在河边等待着从冬眠中苏醒的蛙类。我在这条无名河中，看到了许多动物活动的痕迹，感受到了动物的确喜欢在河边活动。流水声似乎唤醒了沉睡中的树木和野草，还有那些只靠一点点水汽与地表温暖就可以生存的苔藓地衣。

河水流动的声音，激发起各种鱼类去往产卵地的欲望。人们就利用鱼类前往繁殖地集中产卵的习性，开始了捕鱼活动，这对鱼类的繁衍构成了严重威胁。自从与中华秋沙鸭相遇，我就特别关注每条河的鱼类状况，这里的鱼和过去相比，正以极快的速度减少。如果我想为大自然尽点心力的话，不妨从中华秋沙鸭着眼，思索出维持鱼类资源平衡的方法。

# 动物的自救

　　我最熟悉的河是头道白河，这条河鱼类资源丰富，水温适中，流速缓慢，两岸植被茂密，沿着这条河生活着长白山大多数的动物种类。每年我要沿着这条河行走几次观察动物，近年来发现了好多野猪、狍子和鹿等死亡在河边。

　　春天的大森林里，河边、谷底等阴暗处还残存着没有完全融化的雪，一个一个雪堆零散地分布在地面上。随着季节的变换，树芽开始露出各种颜色，有棕色、紫色和绿色，而迁来的候鸟和留鸟则改变了平常的叫声，不停地用鸣叫告诉邻里们这里是自己的领地。随着气温回升，冬季地表的雪慢慢融化，积压在雪下的味道开始散发出来，森林里充满了春天的气味，不仅有生命复苏的气味，还有动物死亡的气味。

　　一次，我沿着公路向河的方向走了 300 多米的时候，闻到一股很浓的腐臭味，在附近仔细查看了一下，发现了动物的尸体——一头马鹿和一头狍子相隔 10 多米死在了平坦的白桦次生林中。它们只剩了皮毛和一些蹄子，头骨也不见了，从现场看是被大型动物吃掉了。

　　再走 200 米左右就到头道白河边了，沿河走了一段我又发现了野猪的尸体，有三只是在石砬子下窝风的地方死在一起的。这里共发现了 5 只死亡个体。再往下走，时而从远处传来腐臭的气味。没走多远我又陆续发现野猪和狍子的尸体，还有鹿的毛皮。因为是在开春时节

©野猪啃食榆树皮的痕迹

发生的，所以这些死亡应该都是疾病引起的。在死亡个体的附近能看到多处熊的粪便，粪便里几乎都是野猪的毛，说明野猪被熊给吃了。

偶尔看到野猪拱地的痕迹，都是在河边活动时产生的。非常奇怪的是沿河岸的许多春榆树干被野猪啃咬过，有些啃食榆树皮的野猪活了下来，或许榆树皮有治病的功效，使一些野猪得以自救。

当动物得了疾病或受到伤害和威胁的时候，动物是否能够自救是一个很古老的话题。实际上，动物的自救和自助现象在大自然中普遍存在，许多动物如野猪、狍子等有蹄类动物，一旦得了病或处在自然死亡年龄期，多数会选择在河边或池塘附近活动，尸体也多出现在这些区域。这种现象比较普遍，至于它们为什么在有水的地方结束生命，是一个谜题。但是，我们至少可以认为，它们身体出了问题的时候，需要饮水，这也许会缓解身体的不适……

# 冷水鱼

　　发源于长白山的鸭绿江、松花江、图们江，汇集成为森林中每棵大树提供生命活力的清泉，承载着远古的幽梦和人类的希望。它们从长白山蹒跚走来，穿过森林，流过峡谷，沿途接纳了上百条大小河流，逐渐汇聚成了三条洋洋洒洒的大江，不舍昼夜地向着大海奔去。河流是我向往和体验自然的地方，每一条河都会使我获得自然知识，激发我去探索自然奥秘的欲望。

　　每条河的形态都是不同的，伴随而生的树木、鱼类、动物等也不尽相同，而且河床、质地也各有特色。人们赋予河流的名称也很有意思，如发源于长白山山麓的蚂蚁河、寒葱河、前川河、秃尾巴河、羊岔河、槽子河、梯子河、半截河、黄泥河、漫江河、大沙河、乘槎河、桦皮河、古洞河等，每条河流的名称都包含着丰富的内涵。例如：寒葱河因河边生长着百合科的寒葱植物而被赋予此名；秃尾巴河表明了河的形态如秃尾巴；梯子河因河流如梯子般一段段地分阶流下而得名；槽子河形状如槽；羊岔河形状如羊角分叉；半截河是因为河流断断续续出现流水。河流名称充分体现了一般情况下，每条河的形态、文化等特点。

　　河流都有其特有的动植物组成。任何一条大河都可以划分成一系列河段，每一河段的坡度、流速、温度以及水中含氧量和泥沙量也是不同的。在高山上，细小的泉水发源于山坡，汩汩地流下山坡，在光秃秃的岩石或大圆石上形成激流，或者从悬崖的边缘翻滚而下，形成大小不等的瀑布，这样的河水冰冷，但水质良好，未受到严重污染，挟带的泥沙量很小，而且可以从岩石的溶液中吸收矿物成分。在这些海拔较高的河流中，因为水流太快，腐殖质和浮游生物无法积累，尽管在那里可能会发现一些特殊的适应环境的动物，如水生昆虫和底栖生物，包括石蛾和小河虾，但生物的多样性依然显得单一。

在长白山山麓的下部，河流缓慢得多。总的来说，这里的山坡仍然很陡，水流湍急，但也有水流平稳的阶地。水流的侵蚀力已经把一些岩石分解成小圆石和卵石。河水冻结的整个冬季，这里居住着能够冬眠的或以其他方式生存的动物，如两栖类的极北鲵、东北林蛙等，在河流中冬眠，度过寒冷的冬季。这种水温较低的河流，是鲑鱼喜欢栖息的地方，冬季它们会聚集在水深的低洼处。

鲑鱼是典型的冷水鱼，在长白山水域已知的冷水鱼还有虹鳟、花羔红点鲑、哲罗鱼和细鳞鱼。这些鱼在鸭绿江、图们江、松化江上游的溪流中都可以找到。

花羔红点鲑是当地的土著种属，自然分布地是鸭绿江和图们江上游的大小溪流中。虽然它们是鲑鱼，但不是洄游的物种，在生命历程中不会远行。花羔红点鲑的体型大小在某种程度上是由所处的环境决定的，在小溪流或食物匮乏的地方，它们的体长可达 20 厘米，大约三年达到性成熟。在秋季和初冬水温很低的时候，花羔红点鲑会迁徙到支流的溪流中产卵。

历史上松花江上游是没有花羔红点鲑这个物种的，但是近十几年来，人为引入饲养的或有些从原产地搬运来的鲑鱼本来是人们餐桌上的佳肴，可能是它们从水池中跳过了网，融入了新的环境。它们在松花江上游的二道白河中繁衍起来，从天池到地下森林一直到二道白河

◎花羔红点鲑

镇都能看到它们的身影。所有的鲑鱼都是食肉动物，当地河流中各种小动物都成了它们的美食，它们因此改变了河流鱼类的组成结构。现在小柳根鱼、花鳅、黑龙江茴鱼和杜父鱼等几乎很少在鲑鱼栖息的地方出现，随着这些当地鱼种的减少，食物竞争导致了花羔红点鲑之间的互相残杀。另外，由于污染和河床、河道的改变，鲑鱼正在承受来自人类活动的不良影响，它们的种群正在走向濒危的行列。

随着海拔的下降，在激流河段下面的是山地低地区域，这里的山坡开始变得平缓。夏季，这里的水温较高海拔河段高得多，河岸植被繁茂，小溪水汇入这里，泥沙含量增加，促使许多鱼类栖息在这里。这里是水生生物最丰富的河段，鱼类种类繁多，这些鱼身体厚重，行动缓慢，多以河段丰富的昆虫和植物为食。

长白山水系很少有不受人类影响的河流，许多河流的下游都筑起水坝用来发电，引水改变了原来的河道，改变了水坝以下水流的整体流向。河流通常被用来清除生活和工业废物，有的已经被污染到生物不能在其中生存的程度。在大多数情况下，人类的干预减少了水生植物和动物的种类，但形成了大型湖泊，这些湖泊使得水禽的数量增加许多。

# 石 蛾

一般来说，水流较慢的河段与山涧湍急的水流中的动植物种群有很大的差别。有这么一种昆虫，对流水环境有许多特殊的适应能力，对生态环境的变化非常敏感。这种昆虫就是石蛾。石蛾成体体长约 1.6厘米，翼展 4 厘米左右。触角细长，是体长的两倍，后翅白色。石蛾主要分布在森林溪流中，是鲜为人知的物种，它白天多在隐蔽处休息，晚上才活跃起来，有时会飞到有灯光的窗户上。石蛾的幼虫生活在水

◎ 石蛾

中，如果你在缓慢流动的溪流中看到有管状的巢壳，那里面就可能藏着石蛾幼虫。

石蛾是一种毛翅目的昆虫，它把卵产在水面或露出水面的岩石上，当虫卵变成幼虫后，会潜入水底趴在石头上。幼虫会用唇腺分泌物——类似于蜘蛛吐丝状的白色丝线，把河里的沙粒、贝壳和植物碎片等零碎的物体，交错排列粘成一个巢壳，再把自己的身体包裹在里面，以防鱼类、鸟类或鼠类的攻击。幼虫在石头下度过秋季、冬季和春季，完成蛹化过程。夏季，当幼虫蛹化成成虫时，它会将巢壳咬破一个口，游到水面上。非常神奇的是石蛾成虫从水中钻出来，接触空气后几乎立刻就能飞起来，真是匪夷所思！

◎石蛾幼虫、石粒、木屑、丝网

　　不是所有的河流中都有石蛾分布，这个物种对环境的要求非常特殊，它们喜欢生活的河流水中有许多小块河卵石，两岸灌木和草本植物茂密，水温适宜，水流缓慢或缓急交替。在长白山的几条河流中，生活在头道白河的石蛾最多，其他河流中的数量极少，有时根本看不到。石蛾对水质变化非常敏感，一旦河水有了污染，它们很快就会消失。比如，头道白河以往石蛾非常多，养育了许多鱼类。20世纪80年代，几次严重的农药污染使河流中的石蛾不见了。即使几十年后，水质有了显著改善，但再也看不到过去那样整个河面上石蛾飞舞的景象了。没有石蛾的年月，这条河里几乎看不到鱼。后来随着石蛾的重新出现，这河里的鱼才随之增多了。

# 石蛾、鱼和虾

有趣的是，石蛾多的地方，河虾也丰富。几种淡水虾广泛分布在长白山各流域，其中大多生活在溪流流动的浅水区。小河虾通常体长2厘米左右，惊人地敏捷。雌性通常依附在雄性个体的身上孵卵，几天后就会孵化出幼体，幼体虽然有成体模样的躯体，但因特别幼小，所以还要在雌体的怀中度过几天。淡水草虾似乎从来都不会静止不动，即使在静止的时候，它们头上长长的触角也在摆动，试探着水里是否有食物或敌人，胸足也在不断地摆动，为位于身体底部的鳃提供新鲜的水。小河虾的食物主要是水中漂浮的有机物质，但它们经常攻击活的小虫子，有时甚至会以同类为食。冬天，草虾会躲在石头下或埋在泥沙里，以躲避寒冷。

与大多数淡水甲壳类动物相比，东北螯虾的体型是巨大的，体长可达10厘米，但与它的海洋远亲龙虾相比，东北螯虾的体型就小得多了。东北螯虾很容易受到环境影响，因此，一旦栖息地受到污染，东北螯虾就会从这里消失。东北螯虾喜欢在夜间活动，以蠕虫、水蜗牛等小生物为食，还会捡拾水中的动物尸体。当天气晴朗和水温高的时候，它们会从河底石头的缝隙中爬出来，在石头上休息。它们本身也被包括人类在内的各种肉食动物猎杀，因为在大部分山区，它们被视为美味佳肴，也就是通常说的"小龙虾"。

◎东北螯虾

◎小河虾

　　到了温暖的夏季，螯虾会进行交配，然后雌螯虾产下多达百枚甚至更多的卵，这些卵附着在雌螯虾的尾下，移动的时候，为避免卵受损雌螯虾会卷起尾巴。卵很快会孵化出像父母一样的小螯虾，小螯虾还不能很快离开母体，在独立生活之前会依附在母体身上一段时间。等小螯虾的体壳变硬了，便会一个一个地脱离母体，在合适的地方独自安家，开始自己觅食和生活。

　　森林河流中非常重要的成员多以石蛾为食，如杜父鱼、黑龙江茴鱼、北方条鳅和柳根鱼。杜父鱼主要生活在大河及森林的溪流中，它总是贴着河底，在石头缝隙中活动。白天它并不活跃，躲在石头下面，有时露出头，静静地在那里很长时间也不动，有时移动一下后又一动不动了，它会在夜间狩猎小昆虫的幼虫和其他一些食物。杜父鱼体长约 18 厘米，卵呈鲜红色的小颗粒状，成团附着在石头底部的空隙中，卵粒约 300~500 个。随着孵化，卵慢慢地膨大，成体鱼时常守护着卵团，直到几周后孵化出小鱼苗。

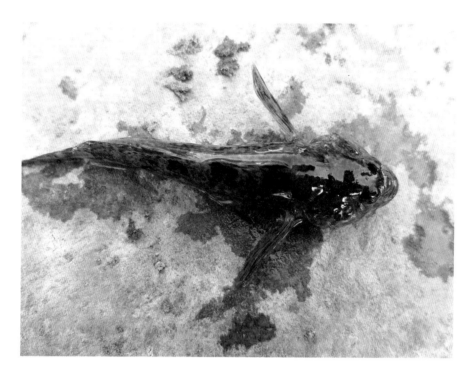

◎长白山花足杜父鱼，当地人叫它"大头鱼"

　　花泥鳅喜欢生活在清凉、清澈的河流和小溪中。它可以通过许多方式在河床上生存，有时甚至会钻入河水中的沙土里。它们多在夜晚活动和捕食猎物，其皮肤，尤其是头部附近，长着微小的感觉器官，可以敏感地感受微小压力的变化，进而感知在水中运动的物体，无论是敌人还是小型无脊椎动物。花泥鳅通常在春天产卵，据说雌性在某些情况下会保护卵。在三年内，花泥鳅的体长可生长至10厘米左右。

　　北方条鳅是比较大一些的泥鳅，和其他泥鳅一样，它的嘴部有一组感觉触须，可以帮助它在夜间捕猎，但这个物种的触须比它的同类要短得多。北方条鳅的每只眼睛下面都有一根叉状的刺，平时是隐藏

◎泥鳅鱼

的,在感觉到危险时会竖起来。在三年内,北方条鳅的体长可达15厘米。

柳根鱼是一种小鱼,很少能长到10厘米以上。它生活在河流的浅滩和水流特别缓慢的地方,有时会在根本没有母鱼的小池塘里突然出现,因为这种突然出现的现象,它得名"没有母亲的鱼",这种现象也印证了"万年的种子,千年的鱼子"这句谚语。在春夏季,它们会将卵产在植物的茎部,通过捕食浮游生物、藻类和小型无脊椎动物生存。

七鳃鳗是一种不引人注目的水生动物,尽管像鱼类,通常被归为鱼纲类,但它不属于鱼类,是不属于鱼类的一个不同类别的圆口纲水生动物，最长可达 16 厘米。它们生活在鱼类丰富、温暖的河流中，春季大约产卵千枚，用口器吸盘吸附在鱼的身体上获得营养。当它们到繁殖年龄的时候，几乎不再进食，而是忙于繁殖，结束后很快死亡。长白山地区有东北七鳃鳗、日本七鳃鳗和赖氏七鳃鳗三种，均属于国家重点保护动物。

石蛾是维持水生生物多样性的重要资源。石蛾幼虫和小河虾等含有丰富的蛋白质，与多样的无脊椎动物一同构成了水禽类的食物。大多数鸭类除了吃植物种子外，也从这些食物中，直接或间接地获取营养和能量。

中华秋沙鸭与其他鸭类在摄取食物方面有所不同，它主要捕食鱼类。由于河流中的石蛾、河虾等是鱼类的食饵，所以这些物种的丰富度能影响鱼类的数量。水面性鸭类的生存主要依赖于无脊椎动物，而中华秋沙鸭等潜水性鸭类产卵或换羽期必须摄入的蛋白质是通过取食鱼类、两栖类等脊椎动物来获得的。

◎七鳃鳗

# 河边的小路

不可思议的是，在长白山每条河的两岸几乎都有人行小道，小道以村屯为起点，沿着河流弯弯曲曲地延伸到河流的源头。河边的小道离村屯越远越模糊。小道上，可以见到人们留在树干上的刀痕，烧焦的木头，裸露的树根，折断的枝条，过去和现在人们留下的痕迹处处可见。

许多人沿着人行小道，寻找自己的目标，我也经常在人行小道上思索着，寻找着过去和现在。每当我沿着人行小道漫步的时候，种种奇妙的问题便会在我脑海中浮现：为什么河流的岸边会形成小道？有什么吸引了人们？我要跟着人们的步履探寻发生在这里的事情。

八月中旬的早晨，我顺着河边猎人和挖参人开辟的羊肠小道，去寻找这条小路上留下的历史痕迹。这条小道像长白山地区的大多数河谷一样，地势平缓，沟两侧时而出现的大青杨像个森林巨人，树干粗大，茂密的树冠向四面扩展着。有的树干上有阴暗的大树洞，上面还有着黑熊留下的大爪印，极为明显。河流两岸的树木长得很好，茂密的混交林中有许多红松、水曲柳、蒙古栎和紫椴。

这条小道变得越来越难走，显然已经很久没有人走了。小道上野草丛生，许多地方被风倒木阻塞。有时会碰到废弃的窝棚和野兽踩出来的小路。在这条小路上走了大约两个小时，两旁香杨、械树、山杨、白桦、榆树等越来越多，即将到达红石砬子东南侧的小山了。这里我已经来过数次，还曾在这里见过原麝、猞猁。我想在这里休息一下，但在河边发现了刚踩踏没多久的痕迹，看上去很像熊蹚过的样子。走

◎河边的小路

近察看，原来是人们最近踩踏出来的小道。顺着小道往前走一段，看到被人砍伐过的一棵碗口粗的冷杉，侧枝被砍掉挪走，只剩下了树干。经验告诉我，附近可能会有人过夜的地方。在一个比较平坦而开阔的地方，就在小溪旁边，搭着一个窝棚，窝棚里还有野外用的手电筒、背带和衣物，看起来那个人在这里已经过了许多个夜晚。窝棚前烧过的灰还有热气，我想那个人没有走远，还要回到这里。

# 窝　棚

　　我见到过很多野外过夜用的窝棚，这个窝棚是我见过的窝棚中最经典的了，简单而实用，看来这是一位老跑山人搭建的。窝棚不大，是用四根木棍做柱子，加几根横梁搭建的。窝棚的顶盖用云冷杉枝条一层一层叠加而成，既防雨又挡风。窝棚的地面上铺的也是云冷杉枝条，最上层用粗茎鳞毛蕨的茎叶铺成，既有弹性又隔潮。三面用塑料布遮挡，留一个敞开的口，正对着火堆。

　　单人睡的窝棚，两边是敞开着的，这可能是因为晴天的时候可以敞开通风，免得窝棚里潮湿。我坐在窝棚里休息，不一会儿，隐约看到远处有个黑影在移动，越来越清晰了。原来是一位上了年纪的老人，背着枝条编织的背筐，拄着木棍,腰上系着绳子，穿一身黑色衣服，戴一顶鸭嘴帽，脚穿布鞋，裤腿

◎放山人的窝棚

用宽布带系着。

俗话说，人在大森林里不怕遇见野兽，最怕遇见陌生人。我站起来主动和他打了招呼。他就是这个窝棚的主人，说话带有浓重的地方口音，声音不高，对人态度温和。我们渐渐地畅谈起来，他向我讲了他生活的情况——他是在大森林里度过了大半生的山里人，年轻的时候打过猎，后来不再打猎了，就以挖人参为生；他还讲了那些年常年露宿，到了冬天挖个大坑给自己搭个临时栖身的窝棚等经历。

老人说，自己住在二道白河镇宝马村，是个历史悠久的屯子，过去叫宝马古城。现在家里有四口人，老伴还有两个儿子都在本村。家里没有多少农田，多靠放山采药、采山货等补贴生活需要的开销。

当他回忆自己的童年和少年时，记得最清楚的是河，长大了最快乐的事情是抓鱼、抓蝲蛄和采山货。说到这里，他沉默了一会儿，又接着说："我这一生都在与窝棚、篝火、人参、野兽等打交道，直到现在，我还是离不开河流、森林。"想起快乐与痛苦交加的回忆，他的神情变得沉重，又沉默了片刻，他接着说："森林里的东西越来越少了，但是我习惯了，每年都要试试运气，还是执着地延续着上山的习惯。"

他在森林里放山已经数天了，在头道白河的二岔河与三岔河之间他非常熟悉的地方放山。这次不太走运，他没有挖到山参。漫山遍野地寻找一棵人参是不容易的事情，但他有着多年的入山经验，非常熟悉人参生长的环境，也有他熟悉的多次挖到人参的地方。挖人参的季节是每年的八月份，彼时人参果红了，鲜艳的人参果在茂密的草丛中相对容易被发现。

他记忆中的那几片长过人参的地方，这次都被野猪翻遍了，也有马鹿啃食青草的痕迹。也许它们把人参的茎叶吃掉，或者是有些鸟吃

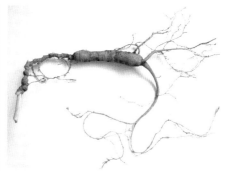

◎这是一株野山参，鲜红的果特别显眼，根须细，根与茎连接的芦头很长

了鲜红的果实，没有了茎叶和果实，就无法找到人参了。这样看来，鸟兽就像是人参的保护神，以免人参被人类挖尽。世界上再也找不到第二种植物，能够像人参这样，引发那么多的神话和传说。山里人都喜欢谈论挖参的经历，他讲得很生动，影响到我对这个五加科植物的认识，不单单是它的价值，更重要的是人们对它产生崇敬之心的根源来自更高的境界。

我们谈了一个钟头左右，太阳已经挂在了西面的树冠上，森林里的树影慢慢拉长，林子里暗下来了。老人站起来，收拾窝棚里的东西，说要换个地方再放山。他将要去的地方是头道白河头岔河的小山，离这里有三公里远。他背上背筐，拿起木棍，动身了。我谢了这位非常朴实、真诚的老人，他走时还邀请我以后到他家做客。从背后看上去，他的身材单薄、矮小，微微弯着腰，脚步很轻，不快不慢，沿着这条小路，渐渐走远了。

窝棚边还堆着一些没有烧完的木柴，一个树杈上挂着塑料袋，里面有少量的食盐和半块腌制的榨菜。他没有拿走,好像特意留在了这里。我想起有一次,我在长白山西坡的南锦江河边一个废弃的窝棚里发现一些留下的咸菜和盐。我尝试着吃了咸菜,很好吃。过去猎人或挖参放山的人离开窝棚的时候,常常把剩余的食物或火柴等用桦树皮包起来,挂在窝棚里,这样做是给在山里缺吃的的人或迷路的人提供食物和火源,这是山里人为素不相识的人准备的爱心。虽然他留下的东西不多,但是可以看出,他坚守着山里的规矩,关心着他的同路人。

后来,我拜访了这位老人,我听他讲他的经历,越听越爱听。他讲述了自己遇见野兽的经过,因为常年在这里活动,熊类等野兽已经熟悉了他的气味,所以有时相遇的距离并不远,它们也没有攻击他的恶意。他还讲了头道白河上游的溶洞、熊洞、小山、红石砬子和许多关于老百姓如何利用森林资源解决生活需求的往事。

# 古老的村屯

　　这位老人出生在宝马村，宝马村坐落于长白山北坡二道白河镇的西边，小屯前流淌着头道白河。在这片河谷冲积物填平的平坦地区，现在有近百户人家居住。宝马村历史悠久，这里一直流传着这样一个故事：传说唐代的一位将军曾路过此地，喜得一匹宝马，从此战无不胜，因此便称这里为宝马城。距离宝马村村口不足千米的荒坡上的宝马古城遗址，就是村民们代代相传的宝马城。

　　据说公元 1175 年，长白山建成了专供皇家祭祀的兴国灵应王神庙，这是宝马古城的真身。到了 1193 年时，完颜雍的继任者金章宗完颜璟册封长白山为"开天宏圣帝"，以求国运昌隆。宝马古城遗址中发现的玉册残片，就是金章宗册封长白山的所用之物。到了清朝，长白山的地位达到了前所未有的高度，它被朝廷奉为龙脉，封禁长达 203 年。自古以来，这里的人们对长白山的信奉与崇拜从未中断，人们借此希冀和祈盼着万福吉祥、国富民安。

　　宝马古城是充满传奇色彩的古城，原来在长白山这座圣山脚下，竟藏着这样一座神圣的古遗址，藏着一个时代虔诚的信仰。这里就是金王朝举行山祭的宫殿，是祭祀长白山的神庙。如果天气晴朗，站在这里可以清晰地看到雄伟的长白山，整个山体上火山泥石流的轮廓非常清晰，感觉就像正在流淌的河流。

# 老人们的讲述

这位老人提及在头道白河发源的地方，有很大的地下溶洞（我们暂称它为溶洞，因为还没有经地学认定），我曾经目睹了溶洞的真容。溶洞所在的地方，周边没有什么特殊之处，和我们看到的原始森林一样，有大树，有石头，有倒木。溶洞口由几块大石头堆砌而成，洞口非常隐蔽，如果不知道这是溶洞口，会感觉这里就是普普通通的一个石头缝儿。溶洞口在一个小斜坡的底部，小小的，就像一个瓶颈，只能一个人勉强进入。穿过这个"瓶颈"，洞内空间逐渐变得开阔，最宽可达 10 米，高约 4 米。然后又是一个狭小的空间，过了这个空间，又是一个开阔的空间。洞内气温冬暖夏凉，各种溶孔、溶壁、溶沟、溶槽等构成了溶洞景观，这里没有乳石、石柱、石流及造型奇特的景观。据说这个溶洞很长，但人们仅涉足了几百米的距离，尚未有人探明其长度。

沿着头道白河，人们能叫出名称的要数红石砬子和小山了。常跑山打猎和钓鱼的老人们，经常讲起在红石砬子所见所闻的趣事，给我留下了很深的印象。老人的邻居喜欢钓鱼，天还没有亮就去钓鱼了。他曾说，1970 年前后，在秋季、冬季钓鱼时，黎明时分走到大羊岔的红石砬子一带，常听到虎的叫声，很瘆人。虎经常出现在河边的石崖上，他们还见到过虎在河道冰面上走过的足迹。虎每隔一段时间就出现在这里，虎也喜欢在河边活动。

他讲了在头道白河钓鱼的时候经历的与动物打交道的事情。有一次，他在一个水面宽而水流缓慢的地方钓鱼，可是钓了很长时间，没有鱼上钩。根据经验，他断定这里一定会有一些个头大的鱼。他反复地甩动鱼竿，把鱼钩抛出去，鱼漂从上面顺水漂下，他就注视着这个小小的浮漂，等待着浮漂的颤动。就在这时，一只正在渡河的水耗子在不远处游动着，接着就看到水面上涌起一股水波，有个东西快速地游向目标，一个跃身激起水花，顿时水耗子不见了。原来是一条很大的哲罗鱼，难怪钓不着鱼，有它在这里，其他小鱼都跑掉了。

他知道这个规律后，每次出去钓鱼的时候，都会准备一些用兽毛制作的毛钩。有一次他用老鼠模样的毛钩，钓到一条很大的哲罗鱼。哲罗鱼是鲑科鱼类中凶猛的顶级捕食者，在长白山几条比较大的河流中都有它的身影。长白山特产的鸭绿江哲罗鱼，也叫石川哲罗鱼，多以其他小鱼种为食物，也捕食蛙类、鼠类和在水上活动的小鸟。鲑鱼生活在河流中上游清澈凉爽的水域中。它们在刚入冬的十月开始产卵，春天孵化，孵化出来的小鱼苗一段时间里要依靠卵黄生存，之后以小型无脊椎动物为食。

现在许多主要河流上都修建了水坝和拦河坝，使得哲罗鱼无法到达其繁殖地。此外，非法投放杀虫剂捕杀鱼类等活动，使曾经数量众多的鲑鱼如今已经濒危。

# 东北林蛙

河流的冰和岸上的雪在温暖的气息中消退，但还没有完全融化。在河水中度过漫长冬天的东北林蛙、大蟾蜍开始从睡眠中苏醒，它们在水里伸展着冬眠期僵硬的身躯，在河流中寻找自己曾经入水的地方，借助水流缓慢地游动着。

它们是幸运的，经过那么多捕食者，如水獭，还有掌握高超技能的人类在整个冬眠期反复地扫荡，还能幸免于难。也许，它们选择了绝佳的地方度过了冬季，它们可能钻进了狭窄的石头缝儿里隐藏身体。狭窄的空间，捕食者水獭也没有办法把它们如何。人们用捕鱼器电击也没有能够唤醒深度睡眠中的林蛙，但它们无法免遭电的伤害，它们体内正在发育的卵更是深受其害。河底石头多的环境，给两栖类生物的存活带来了运气。

河流上，可以见到顺水游动的林蛙，还有个头大的大蟾蜍，它们从上游漂下来，停留在它们曾经入水的地方——它们记得迁徙的路线。这些幸存者在河里等待着时机，等待着天空出现乌云，盼着一场春天的雨，浇灌已经被吹干的地面。两栖类生物登陆的时候，需要地面上有潮湿的空气，这样它们才能够保持皮肤湿润。在等待时机的时候，也是它们面临捕食者威胁的时刻。水獭和中华秋沙鸭会在这时捕食在河岸蠢蠢欲动的林蛙，捕食者很快填饱了肚子，便不再继续捕食了。

©东北林蛙

初春的雨量不大，只象征性地下了点小雨，但地面上的枯枝落叶已变成深色了，风干卷曲的树叶平展多了，林缘的小池塘也积起了水。第一只林蛙从水中爬上了岸，其他林蛙纷纷跳上陆地，跳跃着奔向它们自己熟悉的池塘。它们究竟是靠什么感知池塘的位置呢，是记忆还是什么感觉器官？也许它们对大地的地形和湿度特别敏感，是靠地表的水汽来判断的吧。

林蛙的先遣队来到了池塘，它们在那里鸣叫。先到达的多数是雄性，它们通过鸣叫呼唤因体大怀卵而行动缓慢的雌性。雄性鸣叫的时候，大多数头会朝向河的方向，这样就能够第一时间拥有雌性。在池塘中，雄蛙一边鸣叫，一边在水面上穿来穿去，相互追赶，强壮的个体占领着优势位置。一旦雌蛙出现，整个池塘里就是翻天覆地的场景，散布在各个位置的雄蛙同时奔向雌蛙，争着抱住雌蛙，雄蛙相互争夺，胜利者便拥有了繁衍的机会。

雌蛙在产卵的过程中要消耗很大的力气，有的雌蛙产完卵甚至会死掉。种种原因，导致雄性林蛙的数量超过雌性数量的十倍还多。

林蛙出蛰时，先是体形小而跳跃灵活的雄蛙，接着是身怀大量卵而行动缓慢的雌蛙。它们完成出蛰后，二年生亚成体开始登陆。亚成体们并不着急，它们在河流中待到地面上的青草冒出后，大多数昆虫出现的时候才开始登陆，但并不进入池塘，而是直接就地开始觅食，捕捉眼前晃动的虫子。它们只认得活动的东西，对那些一动不动的虫子无动于衷。虽然不动的昆虫轮廓鲜明，但在林蛙眼里那不是食物。

产卵结束后，成蛙不会直接离开池塘，而是在池塘里待上一段时间。为什么呢？因为它们在出蛰产卵期时地面上还没有青草，温度变化较大，春风干燥，虫子也没有大量活动，所以它们要在池塘里进行短暂的生理休眠。这个时候，河流上游的雪融化，形成桃花水，河流的水位迅速上升，河水变得浑浊。大水使水獭的捕食变得艰难，但这些聪明的水獭会离开河流，顺着林蛙迁徙的路线走到池塘里，捕食正在池塘里休眠的林蛙。水獭把一个不大的池塘搅浑，它似乎知道把水搅浑了，林蛙因被浑水搅扰而从池塘泥地里或苔草中钻出来。

林蛙的幼体——蝌蚪也是可供许多动物选择的食物。那些嘴很长的苍鹭、大麻鳽等涉禽在池塘里捕食林蛙，鸳鸯、绿头鸭等在池塘里觅食林蛙的卵和幼体。不单是鸟类吃蝌蚪，在水里生活的龙虱、蜻蜓等昆虫的幼虫也捕食蝌蚪。两栖类动物是许多寄生虫的宿主，它们的肺和肝里寄生着许多吸虫，胃里充满线虫，皮肤上寄生着个体较大的水蛭等。可见两栖类是食物链中一个重要的类群。

东北林蛙一直以来都是人类的食物，也是其他动物重要的食物。在人类和野生动物都捕食的情况下，东北林蛙顽强地维持着种群的繁衍，那么林蛙采取了什么对策来避免种群灭绝呢？它们的未来还要面临什么困境呢？

# 中华大蟾蜍

长白山地区的两栖类种类已知的有 11 种，其中有尾目有极北鲵、东北小鲵、爪鲵三种，无尾目有东方铃蟾、中华大蟾蜍、花背蟾蜍、黑斑蛙、东北林蛙、黑龙江林蛙、东北树蟾和日本树蟾八种。除了爪鲵和花背蟾蜍，其他种类在长白山比较常见。

蟾蜍是人们比较熟悉的动物，在密林、高山、草原、农田甚至荒漠中，都可以看到行动迟缓笨拙、跳跃能力远不如蛙类的蟾蜍。这是一个体型比较大的物种，个体肥大，头宽，前肢长，后肢粗短，背部皮肤厚而粗糙，并且有凸起的癫疮，故人们常把蟾蜍类动物叫作癞蛤蟆。

中华大蟾蜍可生活在多种生态环境中，除冬眠和繁殖期栖息于水中外，多在陆地草丛、地边、山坡石下或土穴等潮湿环境中栖息，冬季则进入水中或松软湿润的泥沙中冬眠。

春天是蟾蜍一年一度的交配和产卵的季节。也正是在这个时候，蟾蜍从冬眠中苏醒过来，开始在陆地上旅行。它们很少跳跃，只用四条腿缓慢地爬行，前往自己熟悉的有水的池塘，那里是雌蟾蜍产卵的地方。

气候的变化和人类的活动导致适合中华大蟾蜍产卵的池塘越来越少。蟾蜍喜欢在比较深的水里产卵，它们的警觉性很高，对在岸上移

◎中华大蟾蜍

动的物体特别敏感。想要近距离观察它们，可以静静地坐或跪在岸边，避免在水面上投下自己的阴影。不要随意触碰蟾蜍，因为蟾蜍的头部和背部的疣突内含有毒腺，受到刺激时，会分泌或射出毒液，喷到人的眼睛或皮肤上，会有痛或瘙痒的感觉，但一般不会对生命造成威胁。

当你接近池塘的时候，所有蟾蜍都会本能地在水中寻找隐蔽的地方把身子藏起来，或在水里一动不动。如果你一动不动地在那里等候，过一段时间，它们会重新活跃起来，甚至可能发出低沉的叫声。雄性蟾蜍的体型较雌性蟾蜍要小得多，但爬行的速度会快一些，它们往往最先到达池塘。在池塘里，雄蟾常发出低沉得几乎让人们听不到的鸣声，召唤雌蟾。当一只怀着卵的雌蟾行动缓慢地到来时，几只雄蟾会激烈地争夺雌蟾，最后有一只雄蟾会成功地从后面用前腿有力地抱住雌蟾的身体，这就是所谓的"抱对"。有时也可以看到在前往池塘的路途中，蟾蜍已经抱成对。雌蟾背负着一只雄蟾，缓慢地向池塘移动，看起来好像大的雌性在背着小的雄性旅行。

雄蟾紧紧抱住雌蟾的腋部，随雌蟾浸没在水中。雄蟾的紧抱促使雌蟾排卵，卵和精子会同时排出。产卵过程很长，常持续几个小时，有时甚至会长达一整天。排出的卵由两个并列的透明管子组成，每个管子上都有一长串的黑色卵，就像两串珠子一样，双行交错地排列于管状的卵带内。卵带长可达几米，含卵 5000 粒左右。产下不久的胶状体的卵带上，很快会长出一层薄薄的绿藻，看起来就像水草的茎，这是躲避捕食者的一种伪装。如果你精心观察的话，会看到雌蟾驮着雄蟾在池塘或水坑中的水草间爬行，把卵缠绕在植物的茎秆上，一边产卵一边寻找下一个缠绕点，往返于池塘中可固定的物体间，直到产完卵后雌雄分离。

经过几天的孵化，小蝌蚪从卵带中脱离出来。蟾蜍的蝌蚪看起来很像青蛙的蝌蚪，但是蟾蜍的蝌蚪较其他蛙类蝌蚪的颜色黑得多。蟾蜍的蝌蚪多在水塘边或腐物上成群结队，常成群向一个方向游动，以水中的浮游生物及腐烂的动植物碎片为食。几周后蝌蚪长出腿，褪去尾巴，它们最终离开池塘，开始在池塘附近比较潮湿的地方生活。

刚刚完成变态的小幼蟾在池塘附近活动，这时，它们便成了鸟类、鼠类等动物的食物，甚至它们的同类也把小幼蟾当成虫子，一口吃掉。比如，黑斑蛙产卵期要比林蛙晚一些，如果它们在林蛙繁殖的池塘中繁殖，那么这个池塘中的林蛙幼体很容易被黑斑蛙吃掉。大蟾蜍和林蛙通常不会在一个池塘中产卵，也许它们之间是相互排斥的关系。几乎所有蛙类都有吃自己的或其他蛙类幼体的行为，这一点说明只要是活动的小体型的个体，都会被蛙类当成食物。

# 水　獭

　　长白山的两栖类和水獭都是离不开水的动物，它们的关系密切。水獭很少离开它们生活的河流，因此可以很容易地观察它们的活动规律。

　　水獭是食肉类中非常能适应水栖生活的动物，是为数不多的水陆两栖兽类。水獭身体长约 1 米，尾巴长 40 厘米左右，有力而适于游泳，腿短，头圆，长着两只明亮的黑眼睛，皮毛细密，背和两胁的毛色呈深褐色，发亮，颈下和腹部则是银灰色，触须高度发达，趾间有明显的蹼。它们掘穴而居，并产子于其中。水獭在陆地上行走的时候，身子向上拱起，前腿和后腿挪得很近，因此，它们在陆地上移动缓慢。水獭大部分时间在河岸上活动，人们常常可以看见它们在泥岸上或雪坡上留下的痕迹。

　　水獭胆小，狡猾，小心谨慎，白天很少出现，喜欢在月夜出外猎取食物。它们能在水中潜伏几分钟，这种能力与一系列循环系统和呼吸系统的协作有关。水獭虽然算不上稀奇动物，但也是世界范围内受关注的动物之一。

　　在观察记录水獭的行为活动时，红外相机技术的应用发挥了重要作用。红外相机被布置在水獭经常活动的地方，比如水獭经常排泄粪便的地方和河边沙滩、洞穴等水獭经常玩耍的地方。昼夜不停地运行的红

◎水獭

外相机，精确地记录着水獭在不受干扰的状态下活动的时间和行为。

　　当两只水獭在一起的时候，它们或在沙地上打滚，或相互蜷缩在窝里发出唧唧声。水獭在河边的沙地上排泄后，用后足把尿迹或粪便用沙子覆盖上，其他水獭来到这里时，会闻一闻，然后也在这里排泄。这可能是水獭们做领地标记的行为。水獭的警惕性很强，观察者很难在现场亲眼看见这些行为。

　　水獭的活动范围很大，通过固定位置的红外相机长期采集的数据分析表明，水獭重复出现在某个位置的时间、日期都有周期性规律。

它们昼夜都有活动，但黄昏或清晨活动较多。监测这类活动也能告诉我们有关动物的栖息地状况。一只水獭，如果没有足够的食物，就必须每天保持长时间的活动，如果食物丰富，它活动的时间可能就要减少许多。通过这种对环境变化的行为反应的监测，我们可以准确地推测出本地区的食物资源状况。

水獭几乎没有能轻易捕猎它们的敌人，所以它们不需要快速奔跑的技能，它们生存靠的就是潜水捕猎技能。在寒冷的冬季，水獭可能只在早晨短暂地活动几个小时；在较长的夏季，活动通常只在中午休息时被打破。与大多数小型哺乳动物不同，水獭可以冒险享用一天的温暖，在沙滩上或大的岩石上休息。这是一种理想的节能策略，因为当它们遇到天敌攻击时，可以迅速跳入水中，躲避危险。

红外相机还监测到了水貂的活动。水貂是长白山地区的侵入种，在各个河流迅速繁衍。人们曾担心水貂的出现会对原地种水獭的食物资源构成威胁，但是，红外相机监测到现实中水貂和水獭几乎没有在同一个地方出现的现象。事实上，这两个物种间的竞争还比不上物种内部的竞争来得激烈。

# 神秘的水鼩鼱

　　除了水獭，在长白山的河流中，还有一种神秘的水陆两栖动物，它就是鼩形目中罕见的水鼩鼱。水鼩鼱是小型食虫类动物的两栖性代表，我国在长白山首次发现并记录。水鼩鼱在我国仅分布于长白山和新疆。多数鼩鼱是陆生动物，唯独水鼩鼱是水陆两栖的。水鼩鼱长得很像小老鼠，毛细嫩光滑，尾细长，适于游泳，体长仅 4—6 厘米，尾长 4—5 厘米，个体平均体重不到 15 克。

◎ 水鼩鼱

　　鼩鼱类动物在哺乳动物的进化史上，是最原始的一类，是大多数比较高级的哺乳动物类群的祖先。关于它的记录很少，仅知道它在溪流中捕食水生动物，还可以通过毒腺来捕杀较大的猎物。水鼩鼱的数量极少，其标本最早见于 20 世纪 50 年代，是中国科学院动物研究所在 5 年的动物调查中，于长白山区临江县获得的。

　　我幸运地在长白山二道白河见到过水鼩鼱。那是 6 月的一个早晨，我来到河边洗漱，正在洗脸的时候，在我脚下的石缝儿中钻出一只鼠，我以为是水老鼠，可是它一头潜入水中游动，我透过水看到了它的背部。只见它灵活地在河水下围着石头转，不一会儿头部露出水面，嘴里咀嚼着什么，然后靠近岸边，在很浅的水中，把头插入水中寻找着什么。它移动得非常快，在一个堆积着树叶的地方寻找食物。这一次它找到了底栖动物，是用树叶、树枝包裹的虫囊，它咬着食物，蹿到一块不大的石头上，转动身子，选择合适的位置。它纤细的前脚压着虫囊，用尖尖的、细长的嘴，从虫囊的一头，歪着头，咬虫子外包的保护衣，很快就咬开一个小口。它的尖嘴从小口插进去，从虫囊中叼出白色的幼虫，抬起头咀嚼幼虫。虽然有河流的潺潺流水声，但我还是听到了水鼩鼱吃虫子时的清脆的嘎吱声。

　　鼩鼱类的牙齿很特殊，非常坚硬。它们的听觉非常敏锐，轻微的声音都能听到，哪怕那是微小的虫子在土壤中移动的声音。它们细长的嘴须是非常奇特的探测器，它的嘴上下或左右摆动的频率非常快，快到在高速拍照的情况下，也很难拍清，通常是虚的。但是它们的视觉很弱，眼睛很小，几乎看不到。因为视觉严重退化，所以它们的听觉和触觉非常发达，以弥补视觉的缺陷。

　　鼩鼱类虽然体型很小，但是非常凶残。它们可以用口腔中的毒腺麻醉比自身大得多的小动物，如老鼠、大蛾子等。像蚕蛹或大蛾子，

◎栗齿鼩鼱

它先抓住机会上去咬一口，然后迅速躲到洞穴中等待，等猎物彻底被麻醉了，再不慌不忙地过来，用纤细的嘴咬开一个小口，慢慢地吃起来。它们之间有时会发生争斗，被杀死的个体也会被同类吃掉。

# 动荡的河流

在这里生活了大半个世纪的人们，对河边的小路再熟悉不过了，他们喜欢讲河流和森林生活的故事。当地人经常回忆过去，家家用河边生长的芦苇编炕席，在溪流中布上鱼亮子捕获小鱼，休闲的时候到凉爽的河边钓鱼，春天到河边采野菜，特别是饥荒年代，他们就利用河流提供的食物果腹。讲到这里，我对河流有了更深刻的理解，河流为人类提供了丰富的资源，人离不开河流给予的无偿馈赠，有无数人敬仰它。

这是一条生命的河流，实际上，人也是这个生命链环中的一员，而且是关乎河流命运的重要成员。人可以使河流富有生命，也可以使河流死亡。

生命的河流，表现得非常脆弱，我们曾经看到它无精打采而沉寂的光景，不知道是什么成分组成的药物，一度夺走了这条河的生命。不断流淌的河流中看不到鱼类，看不到河里的"清道夫"蝲蛄，也看不到在河面上飞舞的石蛾。这条河中残留的污染物缓慢地在生命体中循环，持续了数年。

幸运的是大自然有着惊人的自我恢复能力，经过几十年后，这条河逐渐恢复了原来的模样，但这个过程实在是太漫长了。流过的溪水轻柔而又清凉，细鳞鱼、黑龙江茴鱼、鲑鱼都将回到它们曾经生活的

◎ 鱼亮子

地方，各种小鱼搜寻着、贪婪地吃着溪水中各种各样形态奇特的水生生物。春天，这条河接纳由越冬地飞来的野鸭；夏天，它为野鸭供给着丰盛的食物；秋天，它欢送无数的新生儿远征。头道白河为水栖动

◎民间常用的捕鱼工具——鱼梧子

物提供了一个理想的繁殖地，特别是为中华秋沙鸭、鸳鸯、水獭、水駒鼱等珍稀鸟兽提供了可用来繁衍的栖息地。

第 2 篇

头道白河

# 一条河的往事

1960年，在长白山保护区成立的第二年，我跟随父母来到了长白山自然保护区管理局头道管理站。这个站址就在保护区的头道白河河边，是一个非常偏僻的地方，周边是森林，只有十几户人家。连接着二道白河村和保护区管理局的路，是一条非常泥泞和长满野草的不足8公里的林间小道。这条路汽车是无法通行的，只能以链轨拖拉机和牛车为交通工具。通常家里购买日用品或就医看病的时候，人们都是靠两条腿步行。

牛车和拖拉机碾压出的深坑，在春季的一场雨后，会积些水。许多两栖类如林蛙、东方铃蟾和无斑雨蛙喜欢在车辘辘碾压形成的水坑中产卵。春天走这条路时，一路上都可以听到林蛙的鸣叫声。当人走近时它们顿时停下鸣叫，人走远了又开始齐鸣。路边各种鸟也不停地高歌，狍子、马鹿和野猪常常出现在我的眼前，甚至我还近距离遇到过大黑熊。

我居住的地方，西侧是大片的森林沼泽地，两栖类动物繁殖的时候，从春天的林蛙到夏天的东方铃蟾的鸣叫，整个夜晚持续不断。东侧是从长白山北坡发源的南北流向的头道白河，我喜欢听这条河发出的潺潺流水声，仿佛是一曲永不完结的歌，可以说我是喝着歌声长大的。

◎森林沼泽地

　　小时候，我常常在横跨头道白河的木桥上看桥下水面上跳跃的鱼。当蛾子贴水面飞行的时候，鱼就跳出水面，一口吃掉小小的飞蛾。有时鱼的整个身体都跃出水面，白白的身体一跃而下，溅起水花。我也常常到林中捕捉昆虫，从桥上往河里投，欣赏鱼捕食的样子。我还会

◎一条蛇在河边捕捉到东北林蛙

模仿大人们钓鱼的样子，用缝线和细铁丝做成的钩子在河边钓鱼。一开始也就能钓上一些大头鱼和小柳根鱼，时间长了，我逐渐知道了什么位置和环境有鱼出没，并学会了如何让鱼上钩等技巧。在这条河中，我看到过许多野鸭觅食，看到过水獭捕鱼，看到过在河边活动的鸟儿，也时常看到白条锦蛇在河边用躯体缠绕着一只林蛙的捕杀场景。

那个时候，我的居住地家家都放养一些小鸡。春天的时候，可以听到母鸡下完蛋后的叫声，小鸡则在房前房后自由自在地觅食，而它们的上方总有几只猛禽在盘旋，因此时常被叼走。我们的庭院里除了鸡叫声外，房前房后有北红尾鸲、红尾伯劳、金翅雀、灰背鸫和白腹兰鹟鹟等几种鸟，早晨和傍晚不停地鸣叫，不用出屋就可以听到它们春天的领域之歌。夜间，猫头鹰深沉的叫声让我幼小的心灵印象深刻，那是因为感到恐惧而难以忘记。

那个时候，我对鸟窝非常好奇，当我听到鸟在惊叫时，就想到附近一定有它们的巢。通常越靠近鸟巢，鸟的反应越激烈，也就说明巢就在近处。虽然知道巢在附近，但它们选择的位置非常隐蔽，需要花一番工夫才能找到。那个时候，我见到鸟窝就掏鸟蛋或将幼鸟带回家试图自己养，但是都没有养活。现在想来，我在这个偏僻而封闭的山里生活，唯一的乐趣是和自然界的昆虫、蛇、鸟、鱼、兽和野果等打交道。

# 自然课堂

头道白河的动物种类丰富多样，许多进行动物研究的人常来这里工作，一住就是十多天。来的人有大学的老师和学生，也有长白山自然保护区的科研人员。他们每天背着挎包，肩扛着猎枪和望远镜，一大早就进林子里，观察鸟类和采集鸟标本，回来后就忙着处理标本。我当时觉得很好奇，就在一旁看他们工作。他们用圆规测量鸟的腿长、嘴长、身长、尾长、翅长等，然后剥皮，填充棉花，封口，最后写个标签，再用棉花把鸟裹起来。这一切对当时的我来讲是非常陌生的事情，老师看出了我的疑问，告诉我这是研究用的鸟标本。

1970 年，我小学的学习就要结束了，我们家从头道管理站搬迁到了长白山自然保护区管理局所在的二道白河镇。这个从小生活 8 年的地方，对我来说是充满欢乐和梦开始的地方。在新的地方，我开始了

◎研究人员制作的鸟类标本

长达 4 年的中学生活。1974 年，我高中毕业，又回到了度过小学时代
的头道管理站。几年过去了，这里的变化很大，没有了那几户人家，
只有一个管理站办公室、一个库房和三栋没有人居住的平房。这里是
属于长白山自然保护区管理局的知青点，是我们上山下乡劳动锻炼的
地方。

集体户的生活非常艰苦，住的房间四处透风，夜晚还有老鼠在房
的棚顶来回跑动，夏天蚊子叮咬得让人无法入睡。对我们这群没有经
验的年轻人来说，种地是一件苦差事。秋季粮食收获的时候，集体户
领导把我安排到离知青点几公里的田地，看护农田免遭动物破坏。我
每天晚上到农田地巡护，敲打铁盆驱赶野猪和熊。时间长了，野猪和
熊就习惯了，根本不在乎。我在田地的这头，野猪就跑到另一头大吃
玉米和土豆。接近一个月的时间，我虽然没有看护好农田，但通过与
动物相处，我认识到了动物狡猾而聪明的一面，也熟悉了一些动物的
活动习性。我还为寻找中华秋沙鸭的巢而奔波在河岸边，在大树上寻
觅着。在这个过程中我接触了鸳鸯、猫头鹰等许多树洞巢鸟。这些经
历让我开始对动物的一些习性有了初步的了解，知道了观察动物的意
义，产生了将来从事观察动物工作的愿望。

1977 年，我开始接触动物生态观察工作，几十年在长白山坚持观
察森林中生息的动物，我深深地为之着迷。年复一年地进行数据收集
和重复的工作显得艰难和单调乏味，但是在观察动物的过程中，不时
会出现令我激动的瞬间，自然界的神奇也令我兴奋不已，更让我对生
命充满敬畏并积累了许多充满神奇色彩的动物故事。

要问我在森林深处经历过的最难忘的体验是什么，那就是在森林
里独自度过昼夜。黄昏和黎明前，有很多鸟从天空划过，边飞边叫。
黎明后森林里突然传出疯狂的鸣唱，各种声调在不同的位置，此起彼

伏地传出来，有的歌声婉转，有的歌声单调，虽然夹杂在一起但仍能分清彼此。如果静下心来听它们的鸣唱，你会感觉非常奇妙。当一阵风吹过，鸟儿顿时停止歌唱，静默了一会儿，然后又如恢复了赛歌会般尽情放声歌唱。鸟儿如此卖力地歌唱，归根结底是为了寻求爱的价值，完成繁育后代的使命。

森林里有时一片寂静，静到让人只能听到树叶的沙沙声，从而去细细体味森林那细微的低语。春天，你可以享受鸟儿的演唱；夏天，你可以享受育雏期幼鸟争相接应亲鸟带来的食物时的唧唧声；秋天，你可以享受鸟群伴着细声细语穿梭枝间的忙碌的身影；冬天，你可以听到黑啄木鸟敲打干枯冻透的树干的击木声。在森林里观察鸟类是一种陶冶心灵的很好途径，我只要有机会就会走进森林里，努力抓住每一寸美好的时光。

我后期的研究工作主要是围绕人类干扰的生态学问题，涉及人类与动物竞争自然资源的潜在生态学问题，以及道路建设对野生动物的影响。我把很多精力投入濒危动物的生态学研究和保护上，在这个过程中有一种动物使我痴迷，它就是中华秋沙鸭。我以中华秋沙鸭为研究对象，到现在已经四十多年了。我用文字把我与中华秋沙鸭密切接触的经历记录下来，讲述了中华秋沙鸭的生态行为，尤其着重阐述了我对中华秋沙鸭的研究，如我们一直关注着它们为什么濒危，我们应该为这个濒危的物种做些什么。

我在长白山一个偏僻的村落度过了幼年时光，从我步入动物研究生涯起，我就一直对野生动物感兴趣。自从步入这个神秘而未知的世界，我喜欢上了成为一名野外观察者而为之付出一切带给我的无比愉悦，同时了解了我从幼时就在小小心灵中感兴趣的东西，通过研究让我从不熟悉到有所了解的过程，带给我快乐和心灵富足的感觉。

# 初次发现珍稀鸭子的地方

　　中华秋沙鸭不仅是一种古老的鸭子，而且是一种非常稀少且难以遇见的鸟。据研究推测，中华秋沙鸭在地球上至少已繁衍生息了一千多万年，为第三纪冰川的孑遗古老物种。而人类认识中华秋沙鸭，只有上百年的历史。

◎中华秋沙鸭

最初是英国鸟类学者约翰·古尔德于 1864 年在我国东北的镜泊湖一带，获得一个雄性幼鸟标本。因它的两胁体羽具有鲜明的鱼鳞状黑色斑纹而将其定名为鳞胁秋沙鸭。20 世纪 60 年代前，我国一直沿用这个名字。后来经我国鸟类学家郑作新教授的研究，认为长白山地区为该鸟的原产地，分布范围狭小，向外零散延伸到俄罗斯远东地区和朝鲜边界地区，各地数量稀少，实属我国特产的鸟类之一，又因其脑后的那撮细长的冠羽，所以正式将它更名为中华秋沙鸭。

首次发现中华秋沙鸭的镜泊湖，位于黑龙江省东南部，松花江最大支流牡丹江的上游。牡丹江发源于长白山脉的牡丹岭，流经吉林省敦化市和黑龙江省宁安、牡丹江、海林、林口、依兰等地，最后在依兰县城西注入松花江。镜泊湖水域面积为 79 平方公里，是一万年前后历经五次火山爆发，熔岩阻塞了牡丹江古河道，构成天然的熔岩堤坝，形成的世界第一大火山熔岩堰塞湖。

历史上牡丹江周边是参天大树林立、鱼类资源非常丰富的地区，是中华秋沙鸭繁衍生息的理想之地。但是，随着人类活动的范围的扩大，适合中华秋沙鸭繁殖的环境逐渐被人类占据了。后来，中华秋沙鸭适应了以人类为主导的环境，每年春秋迁徙阶段，它们会利用这里丰富的鱼类资源补充能量，在这里度过短暂的时光。中华秋沙鸭依靠这里的丰富食物资源和广阔的水面作为重要的迁徙驿站，已经持续了上百年的历史。

在我国，中华秋沙鸭主要集中繁殖于东部长白山脉的松花江上游，鸭绿江上游、图们江上游、珲春河也有零星地分布和繁殖。在我国，中华秋沙鸭繁殖种群曾广泛分布于大兴安岭南段泰来、红花尔吉，小兴安岭永翠河、翠峦河、南岔河、汤旺河以及山河屯、帽儿山、镜泊湖和张广才岭东部山地。

在国外，中华秋沙鸭的繁殖地有俄罗斯远东地区的锡霍特阿林山脉和朝鲜西部的森林、河流中。在日本、韩国、缅甸、泰国和越南北部也有分布。俄罗斯巴罗夫斯克等地区分布有世界上最大的中华秋沙鸭繁殖种群，繁殖地点包括犹太自治州和普罗米耶，阿穆尔河流域的库尔河、霍尔河、莫太河、伊曼河、比金河、克夫卡河等。

中华秋沙鸭的越冬地主要在中国的长江以南、辽东半岛沿海以及朝鲜半岛西南部。

目前，经研究人员调查，认为中华秋沙鸭的分布呈一条狭长的带状，从俄罗斯东部到中国东北部并沿海延伸至长江以南流域，种群数量分布呈零星散布状态。全球的中华秋沙鸭种群数量估计有3000多只。2000年，世界自然保护联盟（IUCN）将中华秋沙鸭列为全球濒危物种，我国将其列为国家一级重点保护动物。

# 珍稀鸭子繁殖的家园

---

　　长白山森林腹地，在河流的作用下形成森林大峡谷，上百条溪流汇集成松花江、图们江、鸭绿江三大水系。我们发现中华秋沙鸭主要繁殖地在松花江水系，在头道白河、五道白河、三道白河、二道白河、漫江和松江河等河流中，呈零散分布。其中头道白河、漫江和松江河是中华秋沙鸭繁殖的主要河流，它们有着相似的河流特征。

　　头道白河是中华秋沙鸭特别喜欢居住和集中繁殖的河流。头道白河从长白山北坡五虎顶子山的半腰上发源，河源由数条山溪汇合而成，自南向北流过。从地形来看，头道白河上游的山都是平缓的，覆盖着茂密的针阔叶混交林。从高处观察这条河，有四条支流。

　　头道白河的水系就像一棵大树，越往上游河汊越纵横交错，构成一个相当复杂的水流系统。有些河汊又分出一条条狭长的河沟，最后流入头道白河。历史上该河流经常改道，岸边的土壤和植被说明了河流过去的走向和现在不一样。阶梯式的流水阶地，到了水流潺潺的地方，河流发出低沉的响声，到了落差明显的河段，水流不停地滚滚流淌，声音很大。

　　发大水的时候，可以见到河面上有许多随着洪流漂来的木头。河岸两侧的地形结构特殊，形成河曲。在山地，河水流动迅速，遇到挡流物，便开始快速地冲刷，经年以后像锯子和锉刀那样将山地削成悬崖峭壁。河水和漂流物长年累月地冲击，河流中露脸的石头表面光滑，没有了尖锐的棱角。河流阶地明显，所以这条河形成了缓流的河湾与奔腾的急流相互交错的奇特环境，形成了忽宽忽窄的水流环境，而且河宽在 20 米上下浮动，水深在 1 米左右。中华秋沙鸭生活的地方，

◎中华秋沙鸭的栖息地

河流两岸生长着大青杨、榆树、钻天柳等，这些乔木的树径很大，生长快。河流水质清澈，河面上分布有探出水面的岩石。

这条河孕育着种类繁多的水生动物，有细鳞鱼、茴鱼、各种泥鳅和七鳃鳗，还有数量庞大的林蛙在这里度过冬季。这里没有真正意义上的洄游鱼，但是大多数鱼类到了春天都要游向产卵地，形成了春季鱼群向上游移动的场景。到了冬季，细鳞鱼和茴鱼则聚集在深水中。

与头道白河的水环境相似，中华秋沙鸭重要的栖息河流还有古洞河。古洞河是松花江上游的一条较大的支流，这里虽然具备了中华秋沙鸭繁殖的河宽和食物条件，但是中华秋沙鸭没有选择在这里繁殖，因为这里没有适合营巢的树洞，所以这里只是中华秋沙鸭迁徙期的觅食地和集群地。其他如二道白河是松花江的源头河，两岸乔木林立，河流的宽度一般不足 20 米。由于该河流大部分地段的海拔落差变化不大，河流从上游到下游是一斜直下，流速很快，没有水流缓慢的地方。这里鱼类不多，也因水温低而缺乏水生动物，且河流中很少有露出水面的大石头。这条河流流速过急和河宽两个因素，限制了中华秋沙鸭的栖息和繁殖。

我们发现，任何一条河流只要具备了河宽、食物和营巢树洞这三个条件，基本上就会有中华秋沙鸭活动，缺少任何一个因素都会影响它们的分布。我们还发现，中华秋沙鸭营巢对树洞的依赖性非常强，它们无论大小，都非常需要树洞，甚至不需要多大的林子，只要有一个适合的树洞，不管周边有多么开阔，它都会选择在这里营巢。

◎头道白河的夏季

# 冰雪融化的季节

我初次听到中华秋沙鸭这个名字是在1974年，是我中学毕业后来到长白山自然保护区头道管理站的时候。长白山自然保护区科研所的鸟类研究者，在头道白河沿岸寻找中华秋沙鸭的巢，但他们对于中华秋沙鸭的繁殖习性知之甚少。那年虽然动员了许多人在河边大树中寻找中华秋沙鸭的巢，却始终没有找到。因为那个年代整条河流两岸皆是参天大树，可供营巢的树洞太多了，而找到营巢的树洞是很难的一件事情。

几年过去了，我参加了工作，进入长白山自然保护区研究所，最初的工作正好是跟着研究所的鸟类研究者观察中华秋沙鸭。看着研究者们对中华秋沙鸭的关注，我也对它们产生了浓厚的兴趣。

冰雪开始融化的初春，我在头道白河看见远处有一只大体是白色的鸭子，在碧蓝的水面上仿佛一块漂浮的冰。它的头部呈黑色，上面飘着几根长长的羽毛。尽管是初次相见，但我知道那是只雄性的中华秋沙鸭。这种鸟很好识别，它的形态特征很明显：雄性有黑黑的头，头顶上长着长长的冠羽，两胁布满规则的鱼鳞斑纹，红色的嘴巴和脚。雄鸟头部和上背是黑色的，下背、腰和尾上的覆羽为白色，翅上有白色的翼镜，腹羽也是白色的。

接着又有几只鸭从河流的下游低飞过来，落在水面上，它们是从遥远的南方飞回来的。群中有几只雌鸭，体型明显要小于雄鸭，羽色看上去也没有雄鸟那样鲜明，却很干净。它们的头颈部呈棕褐色，冠羽略短些。几只鸭聚在一起，扑打水面、抖动翅膀、相互追赶，时而潜水，时而发出粗犷而短促的声音，应是在相互问候。热闹之后，很安静。清澈的水面上，一阵阵春风激起的波浪，一波一波消失在岸边。平静的水面上，岸边的冰斑、河中的岩石、高大树木在水中的倒影、优雅的中华秋沙鸭组成了美丽的景色……那是我初次感受到的心中难忘的场景。

◎初春迁来的中华秋沙鸭

　　我们还是一如既往地苦苦寻找这个神秘的鸟巢。1978 年，我们在寻找的过程中，找到了鸳鸯的巢，在一棵粗大的大青杨树的树干上高 20 多米的一个枝杈上的树洞中。我们准备观察这个无意中找到的巢，要观察鸳鸯孵化期的活动规律。我们在离巢 50 米左右的小溪沟边上驻扎下来，静静地观察鸳鸯什么时间出巢和回巢。

◎一对鸳鸯

　　这时，在我们观察的鸳鸯巢附近，从一棵大青杨树上飞出一只中华秋沙鸭雌鸟。我们回头一看，在树干中上部10米高的地方发现一个洞口，从地面看上去，洞口不大，是长椭圆形的。对于从来没有见过中华秋沙鸭巢的我们来说，这是不可思议的事情，这样的洞口中华秋沙鸭能飞进去吗？我们耐心地等待中华秋沙鸭回巢，不到一个小时，只见雌鸟沿着小溪流飞过来，放慢速度直接进入洞内。

　　这一天，对辛苦多年的我们来说，是值得庆幸的、难以忘怀的日子，我们用各种方式庆贺来之不易的运气。第二天，我们爬上这棵树进行仔细勘查：树洞是一个树杈从基部折断后，长年腐烂形成的结洞。从上面看，洞口还是个小的。树洞很深，从洞口伸进胳膊，够不着卵。我们只好在树洞背后，倍加小心地锯开了一个20厘米左右、能够伸进手的窗口，锯开后又将板块放回，使之恢复原样。巢内有10枚卵，白色的，洞深83厘米。

　　我们是1978年5月7日发现这个巢的，后续的工作就是守候这个巢，要做的事情不外乎就是每天测量卵的重量，记录雌鸟什么时间出巢、什么时间回巢，还有定期测一下巢内的温度等。

　　每天的天气状况变幻莫测。天气好的时候，

◎中华秋沙鸭的卵

没有风，岸边的柳树和芦苇一动不动，好像在沉睡。周边鸟类各自唱着自己独有的歌声，鸣叫个不停。天气不好，风大的时候，这里不再像前几天那样洋溢着生命的气息，各种鸟全都销声匿迹了，只有无斑雨蛙偶尔高声鸣叫几声，迎接下雨。看来天气的变化也会对动物产生影响。阴沉的天气里，喜欢潮湿、阴天的蚊子活跃起来，扑向有体温和血气的人身上，不客气地叮咬。蚊子必须吸取动物的血液才能繁殖，所以它们不会轻易放过吸血的机会。

闷热和蚊虫叮咬是蹲守观察过程中最难克服的事情，还有紧盯一个目标时的那种孤独感。长时间的蹲守工作会消耗很大的精力，我们几个人便轮流观察中华秋沙鸭孵化期的活动情况，这是一个漫长的事情，我们几个人整整观察了 20 多天。

# 小鸭子跳巢

1978 年 6 月 1 日，晴天。我们早早地来到巢前，因为我们前一日知道蛋有破口了。我们等候了这么长时间，如果错过了幼鸭离巢的那一瞬间，会是多么让人后悔的事情！

太阳刚刚从树冠上露头，光线正好照亮了洞口。此刻我们听到了洞内有响声，可能是雌鸭要出洞了。不一会儿，洞口果真露出了雌鸭的头，它左右看了看，叫了两声，从洞口飞了出来，落在离巢不远的河水里，在那里连续发出呼唤幼鸭的叫声。几秒钟后，洞口出现了一只可爱的小幼鸭，它犹豫了片刻，听到妈妈的呼唤声，很快一跃跳下来，落到了树下的地面上，又很快爬起来入水。接着，一只接一只的幼鸭从高高的洞口往下跳。每当一只幼鸭入水时，雌鸭都要前去迎接，已经入水的小鸭子则紧跟在妈妈的身后，跟着妈妈在水面上移动。雌鸭一边叫着，一边似乎在点数，围着孩子们转一圈儿后，试图带着孩子们离开。游了不足十米，雌鸭又返回树下，急促地叫着。原来雌鸭发现自己的孩子还缺一个，就在下面焦急地等待。最后一只幼鸭露头了，它显得很弱小，在洞口处张望着，妈妈的呼唤增添了它的勇气，试着跳，但又缩了回去。尝试几次后，它终于跳下来了，并很快来到了妈妈的身边。雌鸭很快带着自己的孩子们顺水游下去了。

©幼鴨跳巢

　　我在近距离亲密地观察中华秋沙鸭中度过了美好的时光。通过观察中华秋沙鸭跳巢的过程，我意识到中华秋沙鸭也有计数的能力，逐渐对它有了初步的认识。

◎刚从树洞中跳下来的小鸭子跟随雌鸭离开自己的家

# 在泥泞的路途中

不知不觉第二年的春天到来了，我还在惦记着中华秋沙鸭，还要继续对那个中华秋沙鸭的巢进行更细致地观察。河面的冰已经融化出很大的口子，有些地方几乎完全解封了。是时候了，中华秋沙鸭就要返回到曾经繁育后代的地方了。我们准备了工作所需的温度计、米尺、记录本和望远镜等物品，还有采集动物标本用的猎枪和弹药，做好了出发前的一切准备工作。

第二天，我们把所有东西都装到了两轮推车上，东西很多，装满了不大的手推车。我们出发了。从居住地到头道白河工作点要走8公里的路程，春天雪的融化让土路非常泥泞，我们的鞋底沾满泥土，变得特别沉重，每走一段路程还需要清理挂满轱辘的泥土。

从大清早起，整个天空便布满了薄云，微风轻轻地刮着，不闷不热，可是我们的身上已被汗水湿透。我们推着车刚走了一半的路程，就已经感到累了。正好走到了吸烟站，我们便休息一会儿。这个吸烟站是保护区为人们提供的休息和吸烟的地方——在路边一棵大柳树下用木板搭建的4平方米左右的小木房。不管是谁到了这里，都会不自觉地要休息，就是那些拉着车的牛，到了这里都要停下脚步歇一会儿。

天空中灰色的云好像多了起来，乌云挂在了树林的上空，久久不动，看样子要下雨了，我们自然加快了步伐，不知不觉就要到路的尽头了。向前望去，透过灰色的不透明的空气，可以看见头道保护站的屋顶，隐约听到河水的流动声。到了头道白河大木桥上，我们停下了脚步，放下手推车，急不可待地看向上下游的河面。桥的上游有几只绿头鸭在游动，下游河面较宽的地方有一对中华秋沙鸭正在潜水觅食。可是它们太过于警觉，可能发现我们了，抬起头左转一下，右转一下，贴着河面起飞，消失在远处的河湾处。不管怎样，能见到一面已经非常满足了。最后一段路，我们要推着车，上最大的坡。我们整整走了三个多小时，才到达我们的目的地。

一路上，我们看到了路边柳树上刚刚萌发的绿芽和毛茸茸的毛毛狗，蛙类正急促地跳跃着奔向池塘。已经到达池塘的林蛙正高声鸣叫着，呼唤自己的同类，从远方迁来的鸟儿正忙着寻找合适的住所，唱

◎短翅树莺

◎灰背鸫

着领地之歌。一路上我们见到了许多种鸟类，它们驱赶走了我们一路上的寂寞。其中让我印象最深刻的是短翅树莺，它在路边的树丛中，唱着清脆婉转的歌。它的叫声很特别，类似"咕噜粉球"，还时常转换腔调。还有鸣声最大、最洪亮的灰背鸫，在高高的树尖上，不知疲倦地鸣叫。它的叫声清脆响亮，似乎在向森林远处传递自己的信息。

因为一路上非常劳累，我们晚上睡得很早，可是到了下半夜，就睡醒了，也许是换了睡眠环境的关系吧。四点多天就开始亮了，我到河边一边洗漱，一边观察河面上的动物，不过没有见到中华秋沙鸭活动，只见到褐河乌边叫边飞，在河面转了几个来回。

# 一棵大树的结局

吃过早餐后，我带着野外工作用品，来到了去年入住了中华秋沙鸭的巢洞。这个巢位于头道保护站北面约一公里的河边。这条河是头道白河的一个小支流，长约 3 公里，河面宽不足 10 米，发源于西南侧的山坡中，由两条小溪流汇集而成，水源是从湿地中渗透的，也有一些是从地下冒出的水。

巢位的生境为针阔叶混交林，河边有许多大青杨、红松、春榆和蒙古栎等乔木。巢的位置周围比较开阔，分布着矮小的小乔木和灌木，巢口正对着河流。巢的北侧距离林业运材道约 50 米。

我在巢点上做植被样方调查，以巢树为中心，在周边 50 米的范围测了乔木的种类、株数、胸径和树高等数据，也做了灌木的种类和盖度的数据采集。

我在巢下做样方调查接近一个小时了，可是没有见到中华秋沙鸭活动。我爬上树，检查巢内的情况。巢内的温度不高，感觉挺凉，巢内已经有 3 枚中华秋沙鸭的卵。我打算在附近隐蔽起来，等待中华秋沙鸭回巢。

今天的气温不高，而且春天的风还是很凉的，蹲守的时间长了，我感觉不舒服，但我依然等到天要暗了，却一直没有见到中华秋沙鸭的身影。在等待中华秋沙鸭的时候，我意外地见到了长尾山雀在筑巢。

在干沟子河边，我发现了长尾山雀的巢，当时这只鸟正叼着羽毛，飞上离地高 10 米左右的桦树，在树的中部大枝杈的位置进入巢中。

◎长尾山雀的巢

长尾山雀在针叶林和混交林中常见，是典型的森林鸟类之一。它们是次生林和落叶松林里的常客，除了繁殖期外，秋季和冬季常结成十多只的群，在树冠和枝丫间不停地穿梭寻觅食物，一边取食一边连续鸣叫。

长尾山雀雌雄共同筑巢，巢呈葫芦状或长球形状，多筑在枝杈间。巢的底侧紧贴树干，通常距地高 4 米以上，巢口位于侧面上方，外壁由苔藓和地衣搭成，最外层用蜘蛛丝缠绕，内垫兽毛和其他鸟类羽毛。从外部颜色来看，很近似于桦树皮。即使靠近了看，也难以判断是巢还是树的节包，只有用手摸，才能感觉到是软而有弹性的鸟巢。每窝产 9—12 枚卵，卵呈白色，有淡红褐色的小斑。孵卵由雌鸟完成，雄鸟

◎长尾山雀

经常飞来，在巢附近鸣叫。育雏的时候，雄鸟参与喂食。15 天后，成鸟开始为幼鸟领飞，幼鸟的飞行能力提高后便跟随成鸟一同离开巢远行。

在中华秋沙鸭巢附近的蹲守，可能影响了中华秋沙鸭的正常产卵，不能继续在巢附近等候了，于是我暂时放弃了观察中华秋沙鸭巢的工作，开始沿着头道白河寻找中华秋沙鸭，记录它们的数量，以及它们在哪里觅食、在哪里休息等。不过今年中华秋沙鸭的数量不多，只见到几只。几天来我靠着双脚走了很多路，在河边度过了许多日子。

5 月 21 日上午，风很大，天空有些阴，但没有下雨。我早晨就来到了中华秋沙鸭巢的观察点，已经过去十天了，我想看看卵增加了多少，爬上树一看，眼前的一幕让我顿时大吃一惊：啊，怎么有一只母鸳鸯从洞口飞出去了？我们去年观察的中华秋沙鸭巢，已经被鸳鸯用来孵卵了，巢内有 10 枚卵，其中有一枚是中华秋沙鸭的卵。在十天前我们查看时，巢内有 3 枚中华秋沙鸭卵，为什么现在都是鸳鸯的卵，这里被鸳鸯占领了吗？可能的原因有两种：一是中华秋沙鸭死亡；二是鸳鸯侵占。那么中华秋沙鸭的那两枚卵又去了哪里？是让鸳鸯叼出洞外了，还是被什么动物给吃了？诸多疑问让人费解。

鸳鸯的体形比中华秋沙鸭小，不可能赶走中华秋沙鸭。也许中华秋沙鸭雌鸭被捕鱼的渔网缠死，或产卵时被天敌捕杀，卵也可能被天敌吃掉两个。

不管怎样，观察鸳鸯也是很有意义的。我在一棵很粗的大青杨树下，用几根木头稍微遮挡住自己，观察着洞口。没多久，鸳鸯飞回来了，在巢的上空来回飞了几次，最后一头飞进洞里。我不用再集中精力看洞口了，可以观察其他动物了，如周边那些不停鸣叫的鸟，观察它们在干什么。

我的目光盯上了长尾山雀的巢，长尾山雀不再叼羽毛了，巢外也不见长尾山雀的影子，它们已经进入了孵卵阶段。我仔细地观看那个巢，这次远远地望去，它的巢那么像桦树的树瘤，逼真到天衣无缝。它们把巢营造得如此逼真是为了什么？是为了防止被天敌发现吗？这样的逼真有效吗？对于人类的视觉来说，这样的确能起到隐蔽作用，至少能让人产生一种视觉上的迷惑，以为这是树上的树瘤，而不会猜测到的是长尾山雀的家。

我正在欣赏那个巢的时候，在那棵树下面的一个天然树洞中，飞出来一只鸟。原来是普通鸭。天然树洞在与长尾山雀巢相距1.5米的主干上。它的巢离地面3米多高，我看到它嘴里叼着一团泥，往洞口处粘贴。普通鸭通常会有这种行为，如果洞口过大，就会用泥封住洞口，留下不足3厘米的径口，这样其他大一些的洞巢鸟就进不去了，一般善于爬树的松花蛇也钻不进去。

在同一个地方，距此巢70米的一棵干枯的树上，普通鸭也是利用自然树洞营巢。还是在这里，距前一个巢100多米的地方，普通鸭在山杨树的树干上，把啄木鸟遗弃的旧巢用泥土将 5 厘米的洞口变成 2.5 厘米。1978 年 5 月我观察中华秋沙鸭的时候，在一株山丁子树上发现了一个巢，是树心材腐朽的自然树洞。原洞口在 8 厘米左右，普通䴓用泥将其堵成 3 厘米。洞内壁凹凸不平处也被它用泥补平了，巢内垫着厚厚的薄树皮——方形或其他形状的小薄片。

◎普通䴓

普通䴓是一种色泽艳丽的森林鸟，长约130毫米，上背面是蓝灰色，下腹面是淡杏色。它们生活在成熟的落叶林、针阔叶混交林和针叶林地，以各种坚果和昆虫为食。它们会将任何不易咬碎的坚果塞进树皮的缝隙中，固定住并用强有力的喙反复敲打直到敲出果仁。它们主要在树干部寻找虫子，用尖细的嘴从树皮中叼出隐藏的幼虫或成虫。

它们像杂技演员一样，可以头朝上或头朝下地在树干和树枝上走上走下，不需要像啄木鸟那样用尾巴来支撑。普通䴓在冬季有时会进入伐木场或住宅区觅食，它们比较胆大，不惧怕人，加之身体呈蓝色，故有"蓝大胆"之称。

这一年的春天，我们在头道保护站的白桦次生林中，挂了供雀形目鸟类用的人工巢箱60个。后期我们放弃了对鸳鸯巢的观察，做人工巢的入住率调查。每天要检查一次巢箱，记录入住的种类、产卵数、测量卵的大小和重量，还要记录卵的重量变化及孵化时间、喂雏天数、离巢时间等。

鸳鸯的孵化期约28天，大概在六月中旬，我又来到了鸳鸯巢点。可是，这棵树从半腰折断了，是从巢洞的位置折断的。青杨的树冠很大，很招风，庞大的树冠阻挡了风，最脆弱的、心腐的部位因承受不了强大的风的力量而折断了。但是我不知道这一切发生的具体时间，也无法知道鸳鸯是否成功地孵化出雏鸟了，还有那枚中华秋沙鸭的卵是由鸳鸯孵化了，还是因这突如其来的灾难而让所有卵都损失了？

# 小飞鼠

从这棵树被大风吹折之后，我很
长时间没有找到第二个巢，但是我仍
然坚持寻找巢多年。在我寻找中华秋
沙鸭树巢的那些日子里，意外的事情
和有趣的故事一直发生在我的身边。

刚开始找巢的时候我是一棵树一
棵树寻找，但爬树很费时间，危险性
也很大。后来我想到了一个方法，就
是敲打有树洞的树干，轰赶出洞穴中
可能孵化的鸭子。这种方法可以减少
爬树的时间，还比较安全。我拿着一
把铁锤，沿着河边走到我觉得可疑的
大树下边，敲打树干。几天下来，我
并没有敲出中华秋沙鸭，却敲出来一
窝鸳鸯的巢和几只小飞鼠。想要寻找
小飞鼠，敲打树干是一个好办法。这
样敲打，小飞鼠会从洞口露出头，环

◎小飞鼠爬树

顾周边发生了什么，此时再敲打，它们就会从洞口离开，滑翔到附近的另一棵树上。它们滑翔的距离约20米，滑翔时，它们四肢撑开、平伸，用尾巴控制平衡。落到另一棵树的树干下部后，它们贴着树皮往上爬，爬行速度缓慢，爬一段就停下来看一看。当我走近一点时，它便转向树干背侧，一直向上爬到树梢的高处，然后紧贴在树干上不动了，或滑翔到更远的树上。

　　小飞鼠体色与树干相近，极难被发现，只有当受到惊吓时，才会从一棵树滑翔到其他树上，一般很少接触地面。我发现，小飞鼠沿河分布较多，这可能和河岸柳树分布多有关。小飞鼠喜欢吃柳树的花序，饱满的花序含有丰富的糖分和水分，不单小飞鼠喜欢吃，沼泽山雀等许多鸟类也喜欢吃，甚至蝴蝶、蜜蜂都喜欢通过花序获得营养。如今，人们对动物的关注越来越多，观察记录各种动物所具有的卓越本领及对环境的适应能力，有助于加深我们对生物的理解。

◎小飞鼠的粮仓

# 像鹰一样的鹰鸮

在头道白河河岸一片大青杨集中的地方，我发现了一个树洞，离地约 8 米高，洞口特别光滑，应该有动物住在里面。我在树干部敲打了几下，果然从洞口飞出一只鸟，我还没有弄清楚是什么鸟，它一晃就不见了。我在下面等了很久也没有见它回巢，只好爬上去看个究竟。

当我爬到树洞口的时候，它从我的背后飞过来，用翅膀拍打我的脸。它飞来时没有声音，到了跟前我才感觉到有一股很强的风扑面而来。它飞远后，转身又向我扑过来。我提前有了准备，因此它没有伤到我，但我却发现它原来是一只体型中等的鹰鸮。鹰鸮比长尾林鸮小而秀丽，从外观上看，很像老鹰，故名鹰鸮。鹰鸮的飞行速度比其他猫头鹰要快。

鹰鸮在离巢不远的一个枝干上停留着，看着我，没有再扑过来。我在树上一边观察鹰鸮的反应，一边急匆匆地测量了巢的大小和卵的大小。洞口是直径为 9 厘米至 28 厘米的长椭圆形，树洞深 18 厘米，洞内直径为 25 厘米，巢内只有树洞内部本身的木屑，没有内垫物。内有乳白色的卵 3 枚，卵近球形，光滑无斑，大小为 39×34 毫米，重 21 克，用绒毛覆盖着。孵卵主要由雌鸟负责，雄鸟在巢附近警戒。鹰鸮在孵化后期和喂雏期非常凶猛，当人靠近巢所在的树时，雌雄亲

鸟会轮番向入侵者发动进攻。雌鸟每日孵卵的时间较长，白天长时间不出巢，可能它们晚上出来活动、觅食。经过 26 天左右，幼鸟出壳了。幼鸟的身上长着白色绒毛，双眼紧闭，皮肤呈肉红色，小嘴呈灰黑色，蜡膜与爪为铅灰色。6 天后幼鸟才能睁眼看到自己的父母，并开始长出飞羽和尾羽，20 天后体羽丰满，一个月后陆续离开自己生长的巢。

　　它们可以选择的食物种类很多，一般有鼠、小鸟和昆虫。从喂雏的巢内的残余物分析，有夜蛾科成虫、金龟子、步行虫、鞘翅目昆虫、虎斑地鸫、斑啄木鸟、三宝鸟、蓝歌鸲和大林姬鼠等。在饲养的情况下，它们吃多种肉类，但不吃东方铃蟾，也不吃同类的雕鸮内脏。

　　它们主要活跃在夜间，白天也活动。它们像猎鹰一样可以捕捉飞行中的鸟类，尤其将正在繁殖的鸟和刚会飞的幼鸟视为猎物。它们在森林里非常隐蔽，不细心观察的话，很难发现它们，它们就像森林里

◎鹰鸮

的幽灵，无声地进行着猎捕。观察它们最好的方法是夜间拿着手电筒，在森林里静静地等候。它们的叫声很特别，每当我夜间走在森林中，都可以听到它们低沉的鸣叫声，通过叫声可以确定它们巢的位置，如果连着几天都可以在那里听到叫声，就可以确定那片区域就是它们要养育后代的地方，仔细寻找的话，可以找到它们的巢。在夜间听它们的叫声是一种高雅的享受，低沉而短促的叫声回荡在漆黑的空间，让人仿佛进入白天感受不到的另一个世界一样。夜间出没的动物的世界是如此深沉和富有灵气。

2012 年春天，我在漫江枫林村观察中华秋沙鸭的几天里，看到鹰鸮在一棵杨树的枝杈上一连站立了数天。它一动不动地朝中华秋沙鸭巢的方向注视着。我不知道它为什么如此执着地默默地守护在那里。也许是因为我们在中华秋沙鸭巢的树下蹲守，而它的巢就在中华秋沙鸭巢的这棵大树上的哪个洞穴中？看来它很谨慎，有人在它巢附近的时候，它不会轻易入巢的吧。我感觉它是在等待中华秋沙鸭出巢，想要占领中华秋沙鸭的巢。

晚上，在森林里可以听到"嘭嘭，嘭嘭，嘭嘭"短促而低沉的叫声，那一定是鹰鸮在求爱。它们有时会换个调，发出类似红角鸮的"王干哥，王干哥"的叫声，两种叫声交替循环，鸣叫不息。

第 $3$ 篇

河流中的精灵

# 春天，最要紧的事情

三月下旬，长白山的天气渐渐转暖，冬天结冰的河流开始解封。经过一个冬天，河水流失了许多，冰面与水面之间形成了空间。气温的回升融化了冰，大块的冰发出响亮的声音跌落下来，惊醒了沉睡了一个冬季的林蛙，它们将要离开河流，到森林的池塘中繁殖。这是一段充满了危险的旅程，稍有不慎，它们便会成为中华秋沙鸭等其他动物的盘中餐。

海拔低的地方气温回升得要早一些，河流解封也要提前一些。中华秋沙鸭对季节的变化很敏感，随着气温的变化，它们从低海拔的地方逐渐前往它们的繁殖地。它们不是成大群迁来，而是两三只结伴而行，有的是老夫妻，有的是自己陪着子女，有的是路途中结成的一对情侣。

在长白山的头道白河，三月中旬就可以见到提前到来的中华秋沙鸭。近年来，中华秋沙鸭迁徙的时间较以往提前了半个月左右——它们为争得良好的栖息地而提前动身。它们知道哪条河流食物资源丰富，可以探测到这里能否成功地完成抚育后代的任务。

中华秋沙鸭的雄性多于雌性，所以配偶争夺很激烈。刚迁来的鸭子们首先要做的是解决配偶的事情，然后是选择巢位。形成夫妻关系

◎中华秋沙鸭雌鸭和雄鸭

的鸭子们，开始沿河上下飞来飞去，寻找合适的树洞。这个时候它们会飞得很高，有时离开河道，飞向很远的树林里。

找到了配偶和合适的树洞的中华秋沙鸭就会留下来，而没有着落的个体只好离开这里，去其他地方安身了。中华秋沙鸭这个物种对环境好像具有预测的能力，如果选择在一条河流繁殖的个体多了，就会出现激烈的种内竞争现象。

中华秋沙鸭和鸳鸯一样，大都选择河边的大青杨、椴树的天然树洞，稍加整修后，作为产卵和孵化的家。在森林里，能够让中华秋沙鸭满意的树洞很少，有的洞口太小而不能进入，有的洞内过于狭小，

◎天然树洞巢

有的洞过浅或过深。有些树洞可能很适合，但是洞内已经有了主人，如鸳鸯、蜜蜂、飞鼠、松鼠、貂、猫头鹰等。说到这里，我们可以想象，中华秋沙鸭寻找到合适的洞穴是多么艰难的事情。

中华秋沙鸭不同个体进入交尾期是不一样的，有的很快进入交尾产卵阶段，有的要晚一些，前后最多可相差一个多月的时间。这种差异可能与个体发育有关，但是也可能与找到理想巢洞的时间有密切的关系。

中华秋沙鸭的飞翔速度很快，当我们听到翅膀扇动声时，它已经飞过去很远了，有点儿像超声速飞机飞翔。经过多次观察，我们发现中华秋沙鸭有较固定的取食区和休息地，很有规律地沿着河道飞来飞去。它们一般早晨五点多开始取食，取食到九点左右，飞到休息地或游到休息地，开始整理羽毛。中华秋沙鸭特别讲究卫生，休息前，会从头到尾梳理羽毛多次，然后在石头上或浅水区蹲下，把头插到翅膀的左侧或右侧，闭眼睡觉，睡觉时眼睛或半闭，或全闭，露在外面的眼睛仍旧每隔十秒左右的时间睁开看一下周围的情况。只要有动静，它们便抬头观望，觉得没有危险后再把头伸进翅膀里休息。一般在没有其他干扰的情况下，它们的休息状态会持续一个多小时。中华秋沙鸭生性警觉，尤其是看到人类活动的身影，马上就会逃离。

　　睡醒后，中华秋沙鸭又开始整理全身的羽毛。它们常用嘴在水面上轻轻点一下，做出喝水的动作，然后伸长脖子低头，抬高尾部，半展翅，排泄出雪白的粪便，它们的粪便可以排出很远。排便后他们很快跳入水中取食，取食时它们一般逆水而上，在河岸边或河中心围绕石头取食。中华秋沙鸭是潜水高手，可以在水下一口气待上半分钟左

◎ 起飞

右，比别的鸭子在技能上要高出一筹。取食时它们潜入水中，在水下可移动十多米，捕到鱼类或其他生物后，立即浮出水面，把食物吞下，接着再入水。从休息地点开始，取食距离从几十米至几百米不等。食物丰富时，它们移动距离就短。取食活动结束后，它们就返回休息地，途中，它们常把嘴插到水面上游动。到达休息地后，它们开始在水面上，侧身扑打水面，左右拍打多次，呈 S 形转动。几番动作后，它们停立在石头上或浅水处，展翅抖动全身，抖掉身上的水珠，左右摆尾，整理羽毛，缩身蹲下休息。没有其他干扰时，它们会一动不动地在石头上休息很长时间，如果不仔细观察的话不易发现它们，这是因为它们的体色与河中石头的灰色接近。

◎排泄粪便时的动作

◎拍打水面

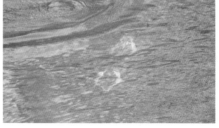

◎中华秋沙鸭潜水

# 繁衍的节奏

春天刚飞回来的中华秋沙鸭，开始找寻伴侣了。中华秋沙鸭的择偶配对阶段是非常热闹的时期，陆续而来的鸭子们汇集在一起，一同飞翔，一同落入水中。这个时候雄性鸭子表现得非常活跃并展示着它的野性，这些表现全部都是为了把自己的基因传递下去。这不是通常形式的争斗，中华秋沙鸭的争斗形式是互相追赶、驱赶，并没有相互撕咬或身体的激烈接触。它们张着大嘴，伸直脖子，发出叫声，快速冲向对方，你追我赶，最后等其他雄鸭子离开了，才平静下来。雄性鸭子成对后，可以接纳雌鸭接近，但是雌鸭之间是不相互容纳的。此时，可以见到中华秋沙鸭雌雄成对活动，而单个的会逐渐离开或远离成对的个体。经多次观察我发现，配对期雄性鸭总是跟着雌性鸭活动，雌鸭休息，雄鸭也跟着休息。

中华秋沙鸭的交尾过程非常迅速，一般仅持续 30 秒左右。在这一过程中，雄鸭的表现显得野蛮粗暴。雌鸭会伸直脖子把头埋进水中，长时间停留在那里，有时也会主动围着雄鸭转上几圈儿。雄鸭看到雌鸭把头埋进水中这一行为的时候，会靠近雌鸭身边，叼住雌鸭的冠羽，骑到其背上。雄鸭的压背使雌鸭的身体沉入水中，只有头部露出水面。当雄鸭叼住雌鸭的冠羽向一侧转动的时候，雄鸭的尾部靠近雌鸭的尾部，雌鸭也配合雄鸭把自己的尾部上翘，在露出水面的瞬间，完成交尾。

◎成对后雄鸭经常驱赶其他雌鸭

交尾结束后，雌鸭与雄鸭一起休憩半小时左右，之后雌鸭会飞回巢洞产蛋。

中华秋沙鸭一年能产9—13枚蛋，雄鸭与雌鸭的夫妻关系很短暂，当雌鸭开始孵化时，这份短暂的婚姻就走到了尽头，雌鸭将独自承担起孵化和养育儿女的重任。似乎只是一夜间，河流里就完全看不到成年雄性中华秋沙鸭的踪迹了。

◎中华秋沙鸭交尾的过程和交尾结束后在一起梳理羽毛

　　孵化初期，雌鸭的活动比较有规律，每天出巢两三次不等，每次外出觅食的时间大约一个小时。随着蛋壳里的小生命逐渐发育成熟和气温逐渐升高，在孵化后期，雌鸭外出觅食的次数将固定为两次，并且外出时间也由原来的一个小时左右缩短为每次二十分钟到半个小时左右，而且基本选择在每天黎明时分和下午天气最热的时候。长时间蜷缩在树洞里孵化，雌鸭会很疲惫，导致羽毛不如从前那样光鲜。在填饱肚子后，雌鸭会痛痛快快地洗个澡，梳理一下羽毛，然后匆匆忙忙回到巢中。

　　在这个时期，离开了自己配偶的雄鸭子们去了哪里？雄鸭完成传宗接代的义务后，悄然离开了自己后代即将出生的地方。它们去了很远的地方，那里是一条大江或由大江形成的河湖。在广阔的水面上，它们自由地生活着。

雄性中华秋沙鸭选择开阔的水面是为了在那里换上冬天的衣裳，再充实自己美丽的羽毛，完成换羽的生理需求。但是，这里还暗藏着更神秘的理由，那就是雄鸭不想同即将出生的孩子们争夺鱼类，它也要把鱼类资源留给辛苦孵化后代的雌鸭享用。

不管是出于什么理由，雄鸭终是离开了繁殖地，去了宽阔的大江或湖，在那里 20 多只或更多雄鸭成群悠闲地生活。但是，它们不会忘记回来看看自己的后代。待到合适的时间，雄鸭们就会返回它们恋爱的地方，问候亲人们。它们总能找到自己的伙伴，开始为前往南方做准备……鸭群一同飞往迁徙前的集合点，在那里度过一段时间后，开始了迁徙的漫漫旅程。

# 小生命出壳的一天一夜

 

 

 

春天是各种生命复苏的季节，也是新的生命降临到这个世界的季节。春天，许多鸟类开始占据自己的领地，建造抚育后代的窝巢。

2015 年的春天，我在森林河流岸边的一棵大青杨老龄树上，发现了中华秋沙鸭的树洞巢，距地面 10 多米高，里面有 10 枚白色的卵。这些卵在雌鸭的怀抱中，经过 30 天左右的孵化，已经变成一个个小生命。

到了小生命即将破壳的时候，我们在树洞内安装了摄像头，实时监控着洞内的一举一动，用视频记录下这些不同寻常的场景。

雌鸭几乎整日待在巢里，当雏鸭在蛋表面啄出小洞的时候，雌鸭表现得非常兴奋，常把嘴伸进腹部下，就像厨师炒菜一般翻动着蛋，时而转动身体，抖动羽毛。当身边出现空隙时，雌鸭细心地用周边的绒羽严严实实地堵住缝隙。几个小时后一些雏鸭破壳出来了，雌鸭抬起身体用嘴触碰一下雏鸭的嘴，然后用嘴把小雏鸭推进怀里，以免雏鸭着凉。破壳出来的雏鸭多了，雌鸭极力伸展开自己的翅膀把它们全部环抱在腹下。巢的外边接连几天都非常平静，根本感觉不到巢内新生命所带来的喧闹。

陆续破壳的雏鸭被雌鸭环抱在怀里，湿漉漉的绒毛很快就干了，开始活跃起来，纷纷从雌鸭的怀里探出头，然后笨拙地爬出来，围着雌鸭身边转，或爬到雌鸭的背上，或试着向洞口跳跃。雏鸭们极力通过活动消耗体内的水分和胎期剩余的营养物质，减轻体重。这可能是一种本能，减轻体重有利于它们从高高的树洞中跳到地面。

雌鸭看到出壳不久的雏鸭们已经按捺不住迫切的心情，意识到子女们急着要出去，知道是时候了。

这是 5 月下旬的一天，正午时分，雌鸭把头探出洞外，居高临下地打量着周围的情况，确认安全后，离开洞口飞落到河里，发出呼唤孩子的叫声。这时，小鸭子们从半米多深的树洞里，一个接一个地爬上来，毫不犹豫地从洞口探出头，伸直了脖子勇敢地跳下来。它们在

◎小鸭子跳巢

◎鸳鸯一家

下落的瞬间张开小翅膀抖动起来，两条小腿向后伸展，让身体几乎呈扁平状，就像降落伞一般降落到地面。它们着地的那一刻，有的腹部着地，有的背部着地，但大部分是腹部着地。落地后它们立刻朝着雌鸭呼唤的方向，一边叫着，一边左右摇晃着身子朝雌鸭走去。雌鸭等待最后一只小鸭子落地后，便带着它们离开这里，不再回巢了。

鸳鸯也在这个时期陆续孵化出自己的雏鸟，它们的离巢方式和中华秋沙鸭类似，等雏鸟的羽毛干透了，雌鸳鸯就带着雏鸟离开巢。

雏鸟们不管巢离地有多么高，都会非常勇敢地跳下来。只有能跳下来的个体，才有机会在这个世界上生存。

# 敬业的雌鸭

森林溪流中出现了新的生命——绿头鸭、鸳鸯和褐河乌等水鸟带着自己的孩子相继出现了。

刚来到这个世界的中华秋沙鸭雏鸭，天生就会游泳，它们聚集在雌鸭的身边，听从指挥，寸步不离。雌鸭带它们到水流平缓的地方，

靠河边或石头边教它们觅食。两天后，它们便可以将头埋进水里，并且很快就能潜入水中觅食，也会自己选择食物丰富的地方，捕获可口的食物。这是鸟类中早成鸟与生俱来的本领，似乎不需要雌鸭过多教导，也不需要雌鸭喂食，雏鸭是天生的游泳健将和觅食好手。

在没有危险的时候，雌鸭通常会带领雏鸭在流速平缓的河段活动，时而随波逐流，时而逆水而上。当危险来临时，雌鸭会毫不犹豫地带领雏鸭进入水流湍急的河道，随着水流迅速逃走。刚出生的雏鸭对这一切并不惧怕，只要有成鸭的带领，它们甚至可以在湍急的河水中漂流几公里。

中华秋沙鸭雏鸭出巢后最初的几个星期是最危险的阶段。这个时期，它们对接触到的一切都感觉到新鲜和稀奇，没有应对外界风险的

◎雌鸭身上的幼鸟

◎雌鸭召唤小鸭子靠近自己

经验和防范能力，只能依靠雌鸭的指令行事。只要雌鸭发出危险来临的信号，它们会马上向母亲身边靠拢。如果母亲向危险来源相反的方向快速游动，那便是快速逃跑的信号，雏鸭会用双脚在水面上快速划动，整个身体几乎离开了水面，而雌鸭则会紧紧地跟在雏鸭的后面，时而转身看看后面有没有掉队的。

　　雌鸭承担着传报危险的职责，尽心竭力，只有在感到极度困乏的时候，它才会打个盹儿，但即使在打盹儿的时候，它也会经常睁开眼睛观察周围的情况。而雏鸭们则完全进入了睡眠状态，一动不动地享受着温暖的石头提供的热源，不用担心天敌来捕食它们。

　　有一天，我在观察中华秋沙鸭雌鸭带着一群雏鸭在石头上休息的时候，发生了一件有趣的事情。雌鸭蹲在石头的最高处，小鸭子们在她的一侧，身体紧贴着石头睡觉。突然，雌鸭从睡意中迅速清醒，不像往常一样只是睁开眼看看，这次它站起来，伸长脖子，高高地抬起头，向河流的下游望去，接着叫了一声。小鸭子们顿时都像妈妈一样，伸起脖子，然后迅速地跟着妈妈跳入水中。就在这个节骨眼儿，我看到一个黑影，几乎是贴着水面飞过来的。在黑影接近它们的瞬间，鸭子们一同潜入水中，躲过了高速飞行的黑影。这个黑影是一只日本松雀鹰，它没有捕到鸭子，直接飞上天了。鸭子们很快从水下出来，集聚在一起。雌鸭一直注视着日本松雀鹰飞去的方向。不一会儿，小鸭子们好像没有发生过什么似的，又开始一个接一个地爬到石头上休息了。看到雏鸭们安详睡眠的样子，我更感受到了动物世界母爱的伟大。

◎激流中的雌鸭与雏鸭

◎雌鸭精心选择与雏鸭体色接近的岩石安顿它们休息

　　中华秋沙鸭雌鸭为什么能这么快地感受到危险来临了呢？我在观察的时候，发现三只灰鹡鸰从下游急促地发出惊叫声，一个波浪一个波浪地飞过来，从鸭子们的头上飞过。正是灰鹡鸰的惊叫声惊动了雌鸭，而且动物之间通过鸣叫声可以相互传递危险的信号。就是这么短短几秒钟的时间，它们做了一次躲避捕食者的逃生。我们知道，很多小鸟见到鹰、蛇或其他捕食者的时候，都会发出惊叫声。河流附近有许多鸟在河边繁殖和活动，所以猛禽想要捕食在河里活动的小鸭子是不容易的。但是，那些不听话的、在离开族群稍远的地方觅食的雏鸭，就很容易被猛禽猎杀了。

雌 幼鸟

雌

雄

雄

幼鸟

◎日本松雀鹰

中华秋沙鸭雏鸭的生长速度很快，不到两个月的时间，它们已经长到和成体差不多大小了。雏鸭身上的绒毛被灰色的羽毛所覆盖，翅膀已经长出了飞羽。雌鸭常把雏鸭带到水流湍急的地方，为了成长，为了生存，为了应对未来的挑战，雏鸭必须学会与激流搏斗。又过了半个多月，雏鸭的体魄变得强壮起来，它们已经可以在水面上奔跑并试探着离开水面了，这是它们在生命进程中从水面到空中飞行迈出的重要一步。

这时，雏鸭要离开它们出生、生长的地方，到水面更宽阔的地方，如湖泊、水库或大江。来自不同河流的同伴们在那里短暂地聚集在一起，提高飞行耐力，积累能量，做飞向远方越冬地的准备。

◎灰鹡鸰

　　雏鸭们的故乡下雪了，随着气温变得越来越低，在河面完全封冻以前，每次降温都会使中华秋沙鸭集群中的种群数量减少——它们已经开始分批向越冬地迁徙了。整个中华秋沙鸭集群全部飞走了，只留下宁静的、封冻的河面和两岸在风中摇曳的树木……

　　中华秋沙鸭在遥远的旅途中还要经历艰难的生死关，活下来或死去都是自然的法则。雏鸭经历了富有挑战的日日夜夜，从生死线上走过了自己的童年，明年它们即将性成熟，带着童年的记忆，飞回它们出生的地方。

# 生存的智慧

———————

一个新生命的形成过程是非常神奇的，生命的延续是充满着惊心动魄的挑战的。

在这里，我以世界上珍稀濒危的中华秋沙鸭为例，讲述它们的雏鸭在生长过程中，如何应对复杂的生存环境而艰难地活下去的故事。

这个世界对于雏鸭来说充满了新鲜和诱惑，它们一心想的是摄取营养，快快长大。它们只需要紧紧地跟在妈妈的身边，妈妈就会领它们去食物丰富的地方，领它们在安全的地方休息。雌鸭总是保持极高的警惕性，大部分时间它都是高昂着头，注视着周围的环境，观察岸边是否有天敌，看护着雏鸭，很少潜入水中取食。

一个月了，雏鸭长得很快，已经接近雌鸭身长的一半，这个时候它们该学的都学会了。它们一大早就开始沿着河流上下觅食，到了经常休息的大石头会短暂地睡上一觉。有时，雏鸭中没有吃饱的个体会主动下水，后面的个体也会纷纷入水。雌鸭也没有办法，本意让它们多休息一会儿，只得也入水了。

到了水流缓慢而深的地方，它们排开队形，同时在水面上奔跑，顿时水面上形成一片水花。它们拍打的声音很大，这是小鸭子们采取的策略——惊动鱼类。之后小鸭子们一同潜入水中，追赶乱窜的小鱼。小鸭子们随着鱼类移动的方向，非常敏捷地变换着方向追捕。鸭子们

◎小鸭子围圈儿捕食

集体捕猎的行为，体现了非凡的智慧和团体合作的力量。

中华秋沙鸭雏鸭的食物种类很丰富，有小白漂鱼、泥鳅、杜父鱼、七鳃鳗和水生昆虫。河水的长期浸泡，使岩石上的青苔积蓄了大量矿物碱和盐等微量元素，这是雏鸭生长所必需的。食物的大小影响着雏鸭对取食地的选择，幼小的雏鸭，嘴小，只能吞咽小鱼苗，而小鱼苗分布在河边，雏鸭就沿河边觅食，到了个体稍大一些，能吞大鱼时，它们就到河深处觅食。雏鸭在河边觅食的时候也是充满危险的时候，河边经常潜伏着豹猫、黄喉貂、黄鼬或蝮蛇类，它们在窥视着这群雏鸭。

雏鸭的羽毛颜色与休息场所的颜色非常接近。体羽的大块白斑、头部的棕色和整体的蓝灰色，就像石头上长的白色或棕色的苔藓地衣，这使得雏鸭蹲在石头上一动不动的时候不易被发现。羽毛非常接近自然环境的伪装色或保护色是适应性的一个特征。

# 逃避行为

我在观察中华秋沙鸭的时候，经常看到一种现象——当下游出现水獭的时候，雏鸭集中在雌鸭的身边，一个挨着一个，形成一个团，远远看去，就像体积很大的物体在流动。这也许是迷惑捕食者的策略。是的，当它们发现我在近处窥视时，它们本能的反应就是先汇集在一起，形成一个团，然后在雌鸭的指令下，开始迅速逃离。

鸳鸯与中华秋沙鸭应对危机的策略有所不同，雌鸳鸯发出危险信号的时候，小鸳鸯们纷纷躲避到河岸的柳树丛或岸边的皁丛中，一动不动，也不发出叫声。它们在那里等待妈妈的信号，妈妈觉得危险已过，会发出呼唤的声音，它们便应答着游出来，重新聚集在雌鸳鸯的周边。

1979 年 6 月，我在头道白河的第二个河汊观察。二岔河全长约 3 千米，水量不大、清澈，倒木纵横，河底的沙砾较多，属于地下冷泉汇集的河流。在观察期间，我在头道白河的主河道上一直没有见到中华秋沙鸭和鸳鸯活动，也许它们进入河汊了？我开始沿着这个小河汊进行考察。

我在河口附近见到一窝鸳鸯家族群，毛茸茸的雏鸭紧跟在妈妈的身边，雏鸭很小，孵出不超过 3 天。我们的突然出现惊扰到了它们，雌鸟一发出惊叫声，小家伙们便纷纷潜入水中，从水下游到岸边的草丛中。上岸后它们像瞬间蒸发了一样，没有任何动静了。我唯恐踩到它们，小心翼翼地迈着步，在草丛中试着寻找它们。它们在草丛中一动不动，也不出声。而雌鸟就在附近叫个不停，一会儿装作断翅受伤的模样，半飞不飞地在我面前来回几次，想引诱我从幼鸟躲避处离开。我便跟着雌鸟离开了那里。不久，雌鸟飞回雏鸭的隐蔽处，叫了几声，雏鸭便出来靠拢在妈妈的身边，它们入水后便一起离开了。

这种现象在中华秋沙鸭身上是不会出现的，中华秋沙鸭很少上岸躲避危险。当我们接近的时候，中华秋沙鸭会快速逃离，这个过程中，雌鸭总是转过身来呼唤雏鸭，然后又奔跑一段，再回头看看它们是否全部跟上了。雏鸭们都很勇敢，很有信心地紧跟在一起。

鸳鸯的雏鸭跳巢的时候，如果人在下面干扰，跳下来的雏鸭会很快隐蔽在草丛中，一动不动。可是中华秋沙鸭的雏鸭跳巢后，并不怎么回避人类，而是勇敢地直奔雌鸟呼唤的方向走过去。虽然它们都是鸭科鸟类，但躲避危险的方式是截然不同的。

中华秋沙鸭有一种非常奇怪的行为，那就是雌鸭带着雏鸭游到水流缓慢而水深的地方时，雌鸭常常把头伸进水中，游动一段距离，然后从水中露出头，有时重复几次。为什么呢？我一直在思考这个问题。我觉得出现这种行为的原因有两种：一是它们要用眼睛探视水下鱼类的情况；二是要探视水下是否有潜在的捕食者。

我回想起往事，我的父亲在头道白河经常钓到5公斤左右的细鳞鱼和哲罗鱼，处理鱼的时候，发现大鱼的胃里常有水耗子、各种鱼类等。尤其是哲罗鱼的肚子里会出现各种老鼠，甚至出现一些鸟羽。这些个体较大的鲑鱼主要生活在深水处，而且嘴很大，牙齿也特别尖锐，它们可以猎食在水面游动的老鼠、在水中生活的水鼩鼱和个头较大的其他鱼种，它们是水下世界的顶级捕食者。

从它们的捕食习性来看，要捕食像雏鸭那么大的猎物，应该是轻

◎中华秋沙鸭有经常把头探入水下的行为

而易举的事情。有趣的是细鳞鱼、哲罗鱼喜欢生活的石川类型的流域，也正是中华秋沙鸭繁殖后代的生境，它们在那里长期共存，形成了相互捕食的关系。也就是说，中华秋沙鸭捕食它们的幼鱼，而大鱼捕食中华秋沙鸭的雏鸭。由此可见，进化程度高于鱼类的鸭类，形成了这种防范捕食者的行为，而这种行为从古代一直延续到现在。不仅仅是雌鸭具有这种行为，那些雏鸭也时常学着雌鸭的样子，把头插进水里游一段距离。由此看来，雌鸭把头插入水中游动的行为，是为了探视水中是否有威胁雏鸭的大鱼的可能性很大。

# 秋天，迁徙之路

在头道白河的水面上，中华秋沙鸭每天都过滤几遍河流中残存的鱼类，还有提前入水的二年生林蛙。它们很细心地一遍一遍地寻找食物，在迁徙前要积蓄足够的能量。到了迁徙的季节，它们捕食的速度很快，刚从远处看到猎物在游动，不到一分钟的时间，它们就会在跟前出现。它们觅食的动作也非常迅速，一个比一个快，都要抢占有利的位置，一瞬间它们就消失在远处。不用等待很久，它们又从原路返回，吃饱后在石头上休息，每次都要休息很长时间。饿了，它们就又开始下水觅食。一条河扛不住几十只中华秋沙鸭的掠食，这里的鱼类资源很快就枯竭了。

气温、水温开始变得凉了，渐渐地，许多鸭子要离开这里了。它们已经能飞翔了，不用像不能飞翔的时候那样，在这块鱼类稀少的地方艰难地觅食了。它们要离开这里，去不熟悉的地方闯一闯。这个时候，头道白河的河面上，逐渐有了漂浮的树叶，开始是绿色的叶子，然后是黄色、灰色、褐色、红色的叶子。各色的叶子随着河流漂浮着，有的被急流冲走，有的

◎头道白河的秋景

被旋涡卷到河岸边，慢慢堆积在岸边。这是秋天来临的信号。鸭子们对环境的变化特别敏感，它们陆续离开这里，但还有一些个体迟迟不离开这里，有的甚至到了深秋或下雪了，还在这里不想离去。

秋后不再有树叶落入河里了，头道白河的水显得非常清澈，水下的小石粒一目了然，似乎在水波中晃动着。在这个时候看中华秋沙鸭，它们像天使一样洁白而干净。

大群的中华秋沙鸭飞走后，小䴙䴘出现在这条河流中，静悄悄地觅食。它们也在迁徙的路途中，这里成了理想的驿站。它们两三只结伴而行，在这里停留到气温很低，水面要结冰的时候再悄然离开。

小䴙䴘喜欢单独或两只在一起，它们很会潜水，在水下可以游动很远的距离，潜水技能要超过中华秋沙鸭。它们在觅食的时候不停地潜水，基本是在平缓的水流中，从下游开始觅食，一边觅食一边游上来，然后顺水觅食。到了下游水流较急的地方，它们会停下来，短距离飞上来，在水流缓慢的地方落下，接着潜水觅食。它们几乎很少上岸或落在石头上，休息或梳理羽毛都在水中进行。它们对小鱼感兴趣，小小的嘴巴可以吞下几厘米长的小鱼。

◎ 小䴙䴘

随着气温的下降，河面上看不到鸳鸯，看不到中华秋沙鸭的亚成体，也看不到小巧玲珑的小䴙䴘，但是有时能见到一些绿头鸭，还有长脖子的白鹭，偶尔还有几只褐河乌飞来飞去，静悄悄地沿着河岸在堆积的树叶中寻找食物。

中华秋沙鸭的迁徙路线还不是很清晰，我在这方面做的研究不多。近年来，有人尝试着通过环志或无线电跟踪器记录它们的路径。我们根据文献记载推断，中华秋沙鸭要从繁殖地迁徙到长江以南的江河中越冬。它们从鸭绿江、图们江等江河到入海口，沿着海岸线逐渐地接近长江，进入各个适合越冬的江河、湖泊。也有一部分中华秋沙鸭会聚集到朝鲜半岛和日本沿海越冬。远东地区的中华秋沙鸭也可能沿着乌苏里江和松花江，通过东北陆地向南方迁徙。东北的许多河流和湖泊到了冬季要封冻，如

◎大白鹭

121

◎头道白河的冬天

果河流不封冻的话，也许一些个体会留下来继续生活。

这个时候，鱼类也开始向着水深的地方聚集，因为水深的地方不会像水浅的地方那样容易受到温度的影响。冬季，鱼类很少在急流中待着，所以人们冬钓的时候，都会选择在河流水深的地方，用铁钎在冰面上凿出碗口大的冰窟窿，再投入一些鱼饵，引诱鱼类。被封冻的冰面上出现一个洞，阳光透过洞口，加上洞口进气增加了河水的氧气，鱼类很快就聚集在洞口附近。这时在鱼钩上穿上石蛾幼虫，鱼很快就上钩了。

迁徙在鸟类中普遍存在，尤其是水鸟，几乎都会迁徙。长白山科学研究院和几个自然爱好者组成了迁徙同行考察组，跋涉万里，途经十几个省——在河南省卢氏县的洛河岸边、湖北省松滋市洈水国家湿地公园、湖南省常德市壶瓶山自然保护区、江西省九江市修水县修河源中华秋沙鸭监测站、江西省婺源县坑口村的星江河畔，观察到了130

多只中华秋沙鸭，这些可能是在长白山出生和生活过的雏鸭和成鸭。

迁徙是鸟类在季节性变化的环境中演化出的一种资源追踪型策略，是快速响应环境变化的一种方式。在迁徙过程中，鸟类能够通过改变个体与环境之间的相互作用，影响种群动态的过程。

现在我们对中华秋沙鸭的迁徙路线有了初步的认识，中华秋沙鸭们岁岁年年往返于南北之间，它们长年不变的习性，自然形成了古老的迁徙之路。

世界范围内可供候鸟在迁徙中途停歇的地方在急剧减少，中途停歇地的数量和可获得的食物资源的多少，会导致候鸟迁徙策略的改变。它们迁徙的路线很长，在漫长的旅途中会面临各种威胁，如猛禽的猎捕、人类的伤害、疾病、饥饿等不可避免的事件，能生存下来的候鸟

◎飞翔的中华秋沙鸭

并不会很多。

　　目前，我们只专注于对长白山繁殖地中华秋沙鸭繁殖期的生命周期阶段的研究，忽略了其他如中途停歇地的丧失、食物资源、环境变化、人类干扰等方面的信息。中途停歇地的环境会对中华秋沙鸭种群的动态产生巨大的影响，因此只有对中华秋沙鸭整个生命周期的各个阶段开展研究，才能深入地了解其种群动态，才能准确地预测中华秋沙鸭种群的动态变化，从而对其实施有效的保护措施。

◎飞翔的鸳鸯

第 4 篇

河流资源的竞争

# 奇怪的寄养现象

我们知道，一个物种的兴衰与繁殖有着密切的联系。自然界中任何一种动物的数量，一方面取决于该动物的繁殖力，一方面取决于其后代的存活率。

然而，物种的繁衍历程充满着不确定性，如竞争、巢捕食、栖息地破坏、极端天气、天敌、食物短缺、疾病和人类干扰等因素，都影响着动物繁殖的成功率。例如自然界经常发生的巢捕食，会造成鸟卵大量损失，而捕食者的捕猎活动会使幼鸟死亡等。但是，每个物种各有其奇妙的应对策略。

那是1995年的事了。5月的一天，我在头道白河跟踪中华秋沙鸭家族群。早晨，水面上笼罩着白色的雾气，在微风下漂浮，刚刚从树冠上露出的太阳光照射着白雾，透出红色的光束，河岸柳树丛和草上附着的水珠，在光照下闪烁着。

我沿着河岸寻找中华秋沙鸭族群，小心翼翼地迈着每一步，唯恐惊动了它们而失去遇见的机会。这时，蚊虫已经开始上班了，靠近我的时候可以听到嗡嗡的声音。除了蚊虫和早晨醒来的鸟类叫个不停外，我身边就是古老而从不停歇的河流发出的潺潺流水声。我走到河岸峭壁砬子上的时候，正好见到了两个家族群，一个家族群是从上游往下游，另一个家族群是从下游向上游。它们在这个较宽的河流中相遇了。

◎两个族群相遇、各自分明

　　我一眼看到的是两只雌鸭，它们相互对视，先是高高伸直脖子，头朝向天空，张开大嘴叫着，然后脖子贴着水面，向对方冲过去，同时它们都张大嘴巴相互发出示威的叫声。两只雌鸭的对峙，使小鸭子们表现得非常惊慌，两个家族群的雏鸭混到一起，各自乱窜。短暂的对峙过后，雏鸭各自回到雌鸭的身边。站错队的雏鸭有的自己回到妈妈的身边，有的被雌鸭驱赶了出去。雌鸭们时而回头叫几声，慢慢地带着自己的小宝宝向着不同方向游走了。这个场面很有意思，捍卫领地的气氛很浓，但这次没有谁占有谁的宝宝，而且我发现雌鸭能够识别出自己的孩子。

　　我常年追寻着中华秋沙鸭，视觉也变得敏锐了。在奔腾不息的河流上，我已经能非常熟练地找到适合它们觅食和休息的地方了。中华秋沙鸭习惯在它们熟悉的地方停留，它们对地点有着敏锐的感知力。

　　我每年都坚持对中华秋沙鸭家族群进行跟踪观察。2000 年，我首次观察到一只雌鸭带着 19 只雏鸭的家族群。我很疑惑，中华秋沙鸭正常每窝产卵 9 枚左右，我见到最多的也只达到 13 枚，怎么这一窝有这么多小宝宝呢？后来我们陆续又发现了这种奇怪的现象。我的一个朋友说亲眼看见了一只雌鸭通过激烈的争斗，把另一窝雏鸭占为己有的过程。2015 年，我们发现这种现象非常普遍，有时可以见到一只雌鸭带着 20 多只甚至 30 多只雏鸭。2020 年，我们又观察到一只雌鸭带着 50 多只雏鸭的现象。我们对这种奇怪的现象还不能给出科学解释，后来就给这种现象起了个名，叫"寄养"。最初我认为，可能一窝雏鸭的妈妈被天敌捕杀或因其他原因死亡了，没有妈妈的雏鸭被"好心"的其他雌鸭领养了。但是我通过持续观察后发现形成这种现象是有一些更复杂的原因的。

中华秋沙鸭本能地对自己的活动领地十分敏感。食物资源和活动空间对抚育后代是非常重要的，所以，它们时刻保护自己不受正在接近的同类的潜在威胁，因此有了同类之间的资源竞争。对于大多数野生动物来说，争斗几乎总是代表着对某种资源的保护，而不是简简单

◎一只雌鸭领着一大群雏鸭

◎争雏行为

单的一场争斗游戏。

　　同类中，带雏鸭的雌鸭之间为了自己的后代，领域竞争非常残酷，有时会从争地盘的战斗演变成把其他雌鸭赶走，留下雏鸭，这样就出现了战胜者占有其他家族雏鸭的寄养现象。我曾目睹过一只精明强壮的雌鸭因争夺领域而壮大自己家族的过程。经过激烈的竞争，这个家族增加了 9 只雏鸭，最后又经过几次争斗，形成了拥有 50 多只雏鸭的庞大家族。这也促使雏鸭之间的竞争变得非常激烈了：食物要抢着吃，天冷了要抢着占有雌鸭的怀抱。个体多了，雌鸭因照顾不到位而出现掉队现象等种种问题也出现了。

　　鸟类中雏鸭还没有完全形成热量代谢机制时，会类似异温动物或冷血动物一样去改变体温。尤其是早成鸟的雏鸭，虽然身体长满绒毛，但是还不能使自己维持体温，它们为了取暖常常钻入亲鸟的翅膀底下。而那些没有抢到雌鸭怀抱取暖的小家伙，有时会因气温过低而死亡。

◎鸭妈妈带着雏鸭捕食石蛾和水下的昆虫

　　寄养的雏鸭群体大小有些差别。雏鸭之间的竞争主要表现在觅食的时候，它们争先恐后地快速移动，有时会互相抢食。生长的速度也有一些差别，同一鸭群的个体大小有差异，通常个体较小的会被淘汰。

　　这种寄养现象主要来自生存环境中食物资源和空间的分配。在一定的食物资源条件和有限的活动空间限制下，如果种群密度过大，为了抚育自己的后代，难免要产生种内的资源竞争，最后导致所谓寄养现象，进而影响雏鸭的成活率。

# 古老的喙

中华秋沙鸭的嘴非常特殊，大部分鸭子的嘴是扁平的，但中华秋沙鸭的嘴是尖的，上下喙的两侧还长有锋利的锯齿状牙齿，喙缘单侧有 17—20 枚锯齿状牙齿密密麻麻地排列着。可想而知，鱼一旦被咬住，即使是杜父鱼、七鳃鳗、泥鳅等体表黏滑的鱼类也很难逃脱。尖嘴与锐利的齿状喙，就像爬行动物的牙齿，是中华秋沙鸭在漫长进化过程中保留下来的祖先原始特征，也让它们与其他鸭子区别开来。

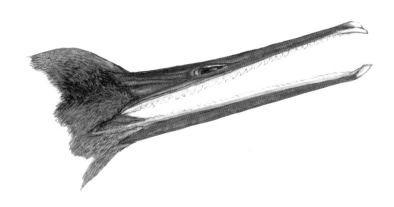

◎中华秋沙鸭的喙

　　鸳鸯的生活习性和中华秋沙鸭极为相似，它们都在相同的环境下生活，食谱也重叠很多。但鸳鸯不会潜入深水取食，只取食在浅水或河水上层活动的小鱼，和漂浮在河面上的昆虫。对于鸳鸯来说，昆虫比鱼更容易被捕捉到。它们偶尔也改善一下伙食，吃一些林蛙。但由于嘴小，它们在吃林蛙的时候会花费很大力气。像绿头鸭等扁平嘴的鸭子，可以觅食河岸边的绿草，可是中华秋沙鸭的嘴上有牙齿，它们觅食绿草就困难了。

◎中华秋沙鸭捕食林蛙　　◎中华秋沙鸭捕食七鳃鳗

◎食物缺乏的时候，中华秋沙鸭也觅食水下的昆虫　　◎中华秋沙鸭捕食杜父鱼

中华秋沙鸭的嘴部结构，说明了它们生来是以鱼为主食的。中华秋沙鸭的食物都是蛋白质高的优质食物，它们觅食活的新鲜的鱼类，具有专一性的选择特征。中华秋沙鸭的觅食和猎物行为随着季节产生变化，它们除了猎食鱼类，还猎食两栖类，偶尔会觅食水生昆虫。

中华秋沙鸭从遥远的地方回到这里的时候，正是林蛙从冬眠的状态中苏醒的时候。林蛙在靠河岸的浅水区蠢蠢欲动，等待着天气变得温暖，等待着一场春雨——潮湿的环境才能使靠皮肤呼吸的蛙类登陆。这个时候，中华秋沙鸭沿着岸边，在石头边、岸边的冰层下，寻找着那些刚刚苏醒而移动缓慢的林蛙。它们一天吞下几只林蛙就能填饱肚子了。

中华秋沙鸭不是多大的鱼都能吃，因为它们只能吞咽，无法咀嚼，所以不能进食超过 4 厘米宽的鱼。我们经常可以在河里见到比较大的死鱼，这是中华秋沙鸭捕杀的鱼。它们捕到不能吞下的鱼时，先来回甩动，直到鱼死掉，然后试着吞下，实在吞咽不下的时候，它们就放弃了。这些死鱼会由底栖动物如蜻蛉来消耗，有时也有水獭或水貂来清理。中华秋沙鸭吞咽鱼的时候，从鱼头开始吞，它们对鱼类的长度不在乎，可以吞下体长 20—30 厘米的个体，如细长的七鳃鳗，它们能够迅速地整个儿吞下。但是杜父鱼头部两边的鱼鳍呈两侧垂直伸长的状态，中华秋沙鸭吞咽起来就会非常困难，吞咽的过程会非常缓慢。

中华秋沙鸭很喜欢叼着鱼来回游动，鱼在鸭子的嘴上摆动身体，努力挣扎着，但它们尖锐的牙齿穿透了鱼的皮肤，鱼很快就没有力气挣扎了。有时鸭子会先把鱼松开，然后再叼住，反复多次。它们会试着吞下鱼，吞不下时才放开，换个角度再叼住鱼。有时看着快要吞下了，可是被鱼鳍卡住了，它们只好又吐出来。

河里的小鱼被消耗完毕后，只剩下大的鱼了，剩下的大鱼可以继

◎中华秋沙鸭试图吞下大头鱼，但最终因无法吞咽而放弃

续产卵，维持河流鱼类的繁衍。问题是河流里的鱼类虽然数量很多，但是因个体大小的限制，所以中华秋沙鸭的食物通常显得不足。

春天，许多鱼类逆流而上前往繁殖地的时候，也是中华秋沙鸭觅食的好时机。这个时候，鸭子们可以获得充足的食物，然后进行产卵。雏鸭来到这个世界的季节正好是河流中水生昆虫大量蛹化成虫的时候，水面上一夜之间到处是虫类。刚孵出的雏鸭还没有能力潜水捕鱼，只能觅食在岩石上附着的昆虫。短暂地补充营养后，雏鸭很快就会捕食鱼类了，它们也就不会关注眼前飞来飞去的石蛾了。但是，夏季降雨量增加，使水流暴涨而非常浑浊的时候，雏鸭在无法捕鱼的情况下，会觅食飞蛾等虫子度过短暂的日子。

除了因古老而得名"鸟类活化石"，中华秋沙鸭还被视为大自然的"水质测量仪"，它们生活的地方，都是生态环境很好的水域。它们捕食时通常依靠敏锐的视觉，所以它们栖息的河流必须非常清澈。

# 树洞里的故事

在森林里，我们经常可以见到大树上有形态各异的树洞。大部分树洞是在老龄树上出现的，也偶尔见于小树上。森林中有些树到了树龄很大时，树心会自然腐烂，经年累月逐渐形成空洞。有些树的树干侧枝折断，在雨水和菌类的作用下慢慢腐烂形成树洞；有些树洞是某些穴居动物的杰作，这些动物会在树木主干的松软处挖掘出洞口，用圆圆的树洞作为自己的巢穴，如啄木鸟、鼠类等。树木身上这些洞洞是鸟类、甲壳虫和一些小型哺乳动物的家，它们不仅可以为这些野生动物遮风挡雨，而且还是这些动物繁衍后代的家园。

我们看到的大大小小、不同形状的树洞，是经过漫长岁月才形成的，需要几十年甚至上百年的时间才能够形成一个较大的树洞。对于那些需要洞口大的、不会自己营造树洞的动物而言，只能寻找这种在缓慢分解作用下形成的天然洞巢。而栖息于森林中的啄木鸟等动物，可以开凿出适合自己营巢的树洞。

树洞是森林生态系统的重要组成部分，在维持森林生态系统物种多样性方面起着重要作用。树洞的密度直接影响了树洞巢居动物的多样性和丰富度，而树洞的高度，洞口的大小、类型和洞口的方位，也是限制树洞巢居动物丰富度的主要因素。

每种动物都要度过一段繁殖、抚育后代或越冬避寒的时期，它们都渴望占有一个舒心的树洞。然而，在树洞穴居的动物在享受树洞赋予的安逸生活的同时，也随时面临着捕食者的侵害，它们的家园被捣毁，往往上演的是惊心动魄的生死角逐。这些故事，可以说是动物之间，动物和人类等共同演绎的故事。

◎黑啄木鸟

中华秋沙鸭为什么只选择树洞为巢呢？这个问题还没有很好的解释。到目前为止，我们还没有发现中华秋沙鸭除了选择树上的洞穴外，还会选择其他类型的洞穴为巢的案例。鸳鸯也是在树洞中营巢产卵的水鸟，但鸳鸯不仅仅利用树洞，有时也利用建筑物上的烟筒、排气孔等地方营巢产卵。而中华秋沙鸭一直保持着古老的习性，不轻易或绝对不会改变本性。

中华秋沙鸭是不会自己凿洞的鸟，老龄大青杨是森林中最粗大的乔木，地面直径可达 2 米以上，树高接近 30 米，树冠幅度可达几十米。大青杨材质松软，侧枝或主干分叉枝易折断，形成很大的树洞，这些树洞给中华秋沙鸭提供了产卵孵化后代的场所。

一个树洞口挂着一片白色的羽毛，在微风中摆动。觉察到树洞里一定有鸟，我便小心翼翼地爬到洞口观察，里面的主人是中华秋沙鸭，正在孵卵。中华秋沙鸭一动不动地护着自己的卵，它就在我面前，触手可及，我想要抚摸一下它，可是见到雌鸭呼吸急促，眼里充满恐惧感的样子，我只好放弃了。

鸟类有非常强烈的恋巢行为，即使危险逼近也不会轻易离开自己的巢。我们观察的几个中华秋沙鸭树洞巢中，捕食者黄喉貂吞食了一个巢里的卵，也咬死了雌鸭，强烈的恋巢行为葬送了雌鸭的性命。还有爬行动物如棕黑锦蛇，在地面即可探测到高处洞穴中孵卵的雌鸭热源，它们便爬上去赶走雌鸭，把孵化中的卵吞下。

森林动物中不乏爬树的能手。狗獾虽然不擅长爬树，但也能爬上一些倾斜的树，进入树洞越冬或逃避捕猎。紫貂和黄喉貂的攀爬能力超强，它们可以在地面捕食猎物，也可以在树上捕食猎物，还会在合适的树洞中繁殖后代。紫貂经常上树捕食松鼠、小飞鼠和鸟类。黄喉貂经常在树洞中捕猎孵化中的猫头鹰、中华秋沙鸭、鸳鸯等树洞巢动

◎棕黑锦蛇

物。爬行动物蛇类中，棕黑锦蛇最擅长爬树，它通过"热感应系统"能准确探测树洞内的生物并进行捕猎，可以说蛇类是树洞鸟的最大杀手。

　　长白山有些种类的动物是完全依赖于树洞繁殖的，如中华秋沙鸭、鸳鸯、小飞鼠等。这些物种的种群数量与森林中拥有丰富的适宜繁殖的树洞关系密切。但是，那些带有树洞的树木因为没有什么经济价值或是即将死亡的枯立木，经常被人们从林中清除掉做烧柴用。如果我们要保护那些对树洞有着强依赖性的物种，保留森林中丰富的树洞是十分必要的。

◎人为伐掉布满树洞即将死亡的枯立木

# 雏鸭之间的竞争

　　中华秋沙鸭雏鸭之间的竞争是比较激烈的。这是鸟类的习性之一，如家鸡有固定的啄击顺序。像我们非常熟悉的麻雀等，它们通过相互挤占来抢先获得父母带回的食物。中华秋沙鸭的雏鸭从来到这个世界

◎雏鸭争食

的那一刻开始就有了竞争行为。它们刚孵出的时候非常弱小，但它们知道靠近妈妈的身边越近，就越有获得温暖和食物的机会，为此相互争抢位置；到了翅膀较硬的时候，它们会争先恐后地抢占有利位置，相互争抢食物；到了最后阶段，它们则会建立集体合作觅食的机制。

我们发现，中华秋沙鸭雏鸭觅食的过程中，个体较大一些的总是抢占前头位置，较弱一点的在后面跟着。竞争能力的差别，让它们在获取食物的量上是不均衡的。

当气温较低的时候，雏鸭们紧靠在一起，一个贴一个地保暖。靠边缘的个体感觉冷了，就会向中间挤进去，这样它们的位置就会发生变化，但它们不相互攻击。动物之间的竞争一般来说是丛林规则，谁强谁占优，但是中华秋沙鸭雏鸭在一起的时候，基本有轮流取暖的机会，这是罕见的。

# 褐河乌和普通翠鸟

在中华秋沙鸭生活的溪流中，有许多"邻居"也在这里活动并繁衍后代。如褐河乌终年栖息于河流中，它具有雀形目鸟的脚和嘴，可是它从不离开河面，也几乎不进入树林里或停留在树上。没有脚蹼的它们能在水面浮游，也能在水中灵活游动和潜走。褐河乌可以算是雀形目鸟类成员中一种行为别具一格的神奇鸟类。

◎褐河乌

◎普通翠鸟

　　褐河乌所吃的食物以水中或岸边附近的昆虫为主，主要为水生昆虫，多为石蛾科幼虫、鳞翅目和毛翅目昆虫等，此外也有少量漂浮在水面的植物种子等。褐河乌也捕食鱼类，因自身体型不大，所捕食的鱼类个体也很小，与中华秋沙鸭在食物资源上并未产生竞争。

　　普通翠鸟是色彩鲜艳的鸟类，它们栖息在清澈的溪流旁，在温暖的季节迁徙到这里繁殖后代。普通翠鸟以小鱼为食，它站在河岸树枝上观察水面，也可以在距水面几米高的地方盘旋，看准水中的猎物后便一头扎进水里，叼住小鱼，迅速返回岸边的树枝上。在鱼被吞下去之前，翠鸟会把活鱼在树枝上左右摔打几次，待其被撞死后吞下。翠鸟在溪边被水冲刮处的土壁上挖掘隧道般的土洞，在那里产下卵。普通翠鸟不使用任何筑巢材料，但雏鸟最终会躺在由废弃的鱼骨制成的平台上。这些鱼骨由它们的排泄物黏合而成，因为普通翠鸟是为数不多的不讲究巢内卫生的鸟类之一。普通翠鸟捕食的鱼，也是中华秋沙鸭雏鸭们喜欢捕食的。

# 讨厌的松鼠

松鼠这种啮齿类动物身子挺短，尾巴又长又粗，小脑袋不大，但挺好看的，一对黑黑的大眼睛，两只小耳朵，耳朵尖上长着长长的黑色小簇毛，像扇子一样张开。松鼠身上的毛是灰色的，尾巴和头部是黑色的，胸脯是白色的。有时也会碰到身上带黄点的松鼠。

松鼠有时在一个地方能住好长时间，有时却搬来搬去，这主要取决于它选择的洞穴附近食物多不多。松鼠对每年果实的丰歉了如指掌，因此能决定是否要提早搬家，或者到柞树林，或者到松树林，再不就到长着榛子的阔叶林。松鼠成天到处跑，即使刮风下雨，也要从洞里钻出来，在树上乱窜。可以说，它一刻也不安静，直到天黑时才蜷起身子，把尾巴贴到脑袋上过夜。天一亮，松鼠就爬起来。似乎对它来说，运动就

◎松鼠

147

像水、食物和空气一样必不可少。

　　松鼠多选择树洞做窝，也有在树杈上用树枝、树皮构筑的。它们很喜欢在河边寻找树洞，在树洞里产崽。松鼠产崽的时间通常是春天，与中华秋沙鸭产卵孵化期相同。松鼠虽然以植物的种子为食，但是在哺乳期它们也需要补充动物性蛋白食物，因此它们就捕食鸟窝中的幼鸟或鸟蛋。松鼠对中华秋沙鸭的影响，主要表现为对正在孵卵的中华秋沙鸭构成威胁，干扰其正常的孵卵过程，有时也偷食其卵。松鼠的数量多了，就会占有许多树洞，这为中华秋沙鸭营巢带来了灾难。

　　紫貂和猫头鹰在松鼠频繁出现的地方数量较多，松鼠不仅在夏季是食肉动物的美餐，而且因为不冬眠，在冬天几乎成为紫貂等食肉动物的主要食物。我们的研究表明，红松种子被人类采摘较多的地带，一般松鼠的数量较少，食肉动物也少；反之，松鼠数量很多的区域，猛禽和紫貂的出现率也高。

◎松鼠

# 制造麻烦的鼬科动物

在长白山森林里生活的鼬科动物中，紫貂是最为伶俐而美丽的一种。紫貂身披有光泽的黑褐色细柔厚绒，喉部有鲜艳的橘黄色喉斑，圆耳朵，黑眼睛，尾毛长而蓬松，看上去不像是野性十足的捕食性动物。紫貂身体细长，耳大，体长 42 厘米左右，尾长约 13 厘米，体重 0.6~1 千克。它们喜欢在靠近溪流的地方生活，在树洞里度过严寒的冬天，并在树洞里产崽和哺乳幼崽。紫貂一般在四五月份产崽，临近分娩期，

◎紫貂

它们会四处寻找合适的树洞。在这个时期，树洞中正在孵卵的鸭子很容易成为紫貂的盘中餐。紫貂的尾巴蓬松，善于在树枝间跳跃，捕猎树栖动物，如小飞鼠、松鼠和鸟类等。

黄鼬被人们所熟知。它属于食肉动物，与人类居住环境的关系比较密切，只要在有人类存在的地方，多会有它们的踪影。黄鼬喜欢活动于林间小道、河流岸边和有人居住的地方。它们有固定的活动地域，在极广阔的范围内无规律地漫游。不管是白天还是黑夜，它们都会独自行动，悄然捕捉猎物。黄鼬喜欢捕食人们饲养的家禽，常在夜间进入禽舍咬死家鸡后吸血。黄鼬还喜欢潜水捕杀林蛙，捕杀后也是以吸血为主。黄鼬不擅长爬树，喜欢钻洞躲避。黄鼬不在高处的树洞中产崽，所以不占有树洞。黄鼬对中华秋沙鸭没有直接的危害，但是它能潜水，冬季有时也捕食越冬的两栖类动物，争夺食物资源。

在长白山，对中华秋沙鸭最有威胁的兽类大概要数黄喉貂了。黄喉貂因前胸有明显的黄橙色喉斑而得名。黄喉貂通常以家族为单位聚居，每个家族包括雌、雄及幼小个体。每个家族的狩猎范围也不相同，有的方圆10公里，也有的可达20公里。

◎黄鼬

这种动物昼夜活动，有时候独自猎捕，但更多的时候是一对或三四只成群出动。它们的食性杂，食物主要包括各种小型动物，如鼠类、野兔、鸟类，以及大中型动物，如有蹄类、蛇类，甚至是昆虫、植物浆果和蜂蜜等。

黄喉貂依靠体形小的优势，可钻进洞穴中觅食鸟蛋、松鼠、小飞鼠、紫貂等的幼体，也可攀爬到树枝上，取食细枝上或小乔木上挂着的蜂巢内的蜜。

黄喉貂是森林食肉类动物中最善于爬树的一种，它能够用长长的尾巴在树冠层从一棵树飞跃到另一棵树上，非常迅速且灵巧。目前，我们观察到的中华秋沙鸭巢被捕食的事件，大多数是黄喉貂所为。它们进入树洞，或把中华秋沙鸭雌鸭杀死，或把卵叼走。巢捕食对中华

◎黄喉貂

秋沙鸭构成严重的危害，一只雌鸭的死亡，就意味着所有卵都将损失。

　　有些食肉动物只能生存于非常特殊的环境里，如人们比较熟悉的水獭，只能在河流中以捕食水生鱼类和水栖动物为生。水獭是非常能适应水栖生活的动物，它身体细长，外耳小，尾强有力，适宜游泳。水獭脚上长蹼，由它们短而密的毛皮、生蹼的趾和长长的发达的触须都可以看出它们很适应水生生活。它们掘穴而居，并在其中产子。它们每天大部分时间在陆地上，但交配行为有时在水中进行，因此是真

◎水獭捕鱼

◎水貂

◎麝鼠

正的两栖性兽类。

长白山地区属于水陆两栖类动物的种类比较丰富，哺乳动物中有水獭、水鼩鼱、麝鼠和水貂，它们都是中华秋沙鸭的邻居，水獭和水鼩鼱是本土原有森林溪流的居民，而麝鼠和水貂是外来之客。麝鼠喜食岸边及水生植物，有时也捕食一些小鱼、蛙、虾等水生动物。水貂是小型毛皮兽类，野生水貂以前栖居在北美地区，从 2000 年在长白山自然保护区可见其个体，而且种群的分布范围迅速扩大。在河流中觅食鱼、蛙、虾等小动物的麝鼠和水貂，侵入到水獭的领域。它们很快适应了这里的环境，并且水貂无天敌控制，得以大量繁殖。水貂数量的快速增长，可能严重影响水生动物资源，破坏原有的食物链结构，从而影响到长白山其他动物的生存。

水獭、水貂是捕鱼能手，它们每天要消耗大量的鱼类资源。它们的种群数量影响着中华秋沙鸭的食物来源，虽然还没有这两种鼬科食肉动物捕杀中华秋沙鸭雏鸭的证据，但是它们是中华秋沙鸭食物资源的主要竞争对手。

# 以洞穴为家

豹猫的体形与家猫相似，体长 54~65 厘米，尾长 26~29 厘米，体重约 3 千克。豹猫也是喜欢溪流的动物，它们看起来像一只家猫，在长白山地区或多或少都能见到它们的身影。豹猫 5 月产崽，它们的幼崽出生在一个安全的地面洞穴里，洞穴或在岩石中其他动物无法接近的地方，或在一棵倒下的大树的树洞中。

豹猫是一种独自活动的动物，一年的大部分时间里，它们都独自在森林、河边和村屯之间，漫不经心地徘徊着。它们迈着矫健而匀称的步子，在开阔的河岸小路上或林间密林中，或狩猎，或消耗时间。

豹猫喜欢捕食小型鼠类或在地面活动的鸟类，而鼠类多夜间出来活动，所以，豹猫也习惯了在夜间和黄昏出来活动。但在人迹罕至的地方，它们白天也会出来活动。当发现猎物时，它们像家猫一样，慢慢地靠近或在那里守候，然后抓住机会猛扑过去，把捕到的食物就地吃掉。豹猫经常出没的地方，也是花尾榛鸡经常活动的区域。它们似乎更加偏爱鸡

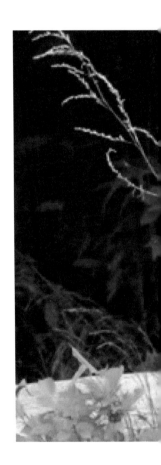

形目的鸟类，喜欢捕食个体较大的鸡类。它们拥有灵巧的身体、发达的听觉和嗅觉，在林中可以悄无声息地接近花尾榛鸡。同时，它们也擅长游泳，会捕杀在河岸边或靠岸石头上休息的鸭子。我曾见到豹猫捕杀绿头鸭的场面，看来它们也会捕杀中华秋沙鸭或其雏鸭。

在中华秋沙鸭的繁殖地，最常见的啮齿类动物要属小飞鼠了。小飞鼠是具有飞膜能在树间滑翔的哺乳动物。它们体形较小，全长约20

◎ 豹猫

厘米左右，体色多为灰色，最突出的特征是眼大而黑，尾毛长的呈箭头形状。它们常出现在针叶林、针阔混交林及白桦次生林中。它们多在树洞筑巢，偶尔也在树枝上营巢，巢穴有多个，经常换着使用。

小飞鼠是夜间活动的动物，体态非常灵活，一般从树上高处向下滑行，很少在地面活动。食物以坚果、松子、树芽、嫩枝为主，也捕食昆虫等。小飞鼠不会冬眠，它们在秋季收集大量食物储藏起来，以此度过严寒。这种眼大头圆、给人一种温顺感的小飞鼠，一生的大部分时间是在树上度过的。它性情孤僻，不好合群，虽然分布广、数量较多，但是人们是轻易见不到它的。

小飞鼠常常占领中华秋沙鸭多年来入住的巢，并在巢中产崽，在抚育幼崽的过程中，巢内堆积着它们幼崽排泄的粪便，还有厚厚的苔藓，这样的环境中华秋沙鸭就不能再利用了。小飞鼠对树洞的利用，也是造成适合中华秋沙鸭营巢环境减少的主要因素之一。

因小飞鼠通常以树洞为家，所以经常与以树洞营巢的动物发生竞争。我们为中华秋沙鸭和鸳鸯制作了40多个人

◎小飞鼠在人工巢中抚育幼崽

工鸟巢，挂在了它们常活动繁殖的河边大树上。可是当我们检查入住情况时，却发现许多巢箱被小飞鼠占据了。有一次，我在很远的地方看到人工巢的洞口似乎有东西，但模糊看不清，再接近一些的时候，怀疑洞口处长了青灰色的蘑菇。等我走到那棵树下，往上一看，啊，原来是小飞鼠，还有四只小飞鼠幼崽在洞口处整齐地排成一行，露出头，用大大的眼睛看着我。毛茸茸的小家伙，太可爱了。不一会儿，它们一个一个地缩回了头。它们是在等待妈妈带来可口的食物，还是因好奇而观看外边的世界呢？我在树下面等待了一会儿，想看看它们是否还会伸出头。然而它们没有再探出头，我没有打扰它们，只是在下面放了一台红外相机。过了几天，再次来到这里时，我爬上树想看一看它们怎么样了。结果洞里是空的，只有一些苔藓、兽毛和粪便。它们应该已经长大了，妈妈带它们离开了洞巢，去了它们该去的地方。

花鼠以地面活动为主，偶尔能见到它爬上树干活动。花鼠多在白天活动，头平、挺直的爪、扁平的尾巴，体毛有明显的黑色纵纹。花鼠是人们最熟悉的小动物之一。这种可爱的花鼠几乎不喜欢爬树，其一生的大部分时间是在地面倒木上和地面洞穴中度过的。它们主要以种子为食，生存策略较为复杂，一生有一半时间是在冬眠中度过的。

©花鼠

在冬季来临之前，花鼠要在树根或地面的洞穴中建几个小粮仓，以此度过漫长严寒的冬季。花鼠对中华秋沙鸭的影响几乎可以忽略。

有的非常适合而且每年都有中华秋沙鸭入住繁殖的巢，因胡蜂把树洞口用泥封住占有，有的巢被小飞鼠、大山雀、松鼠等占领，有的巢中盘踞着蛇，等待猎物上钩。由此可见，随着物种的丰富，中华秋沙鸭的营巢条件将面临严峻的问题。

有些现象可能是因树洞的缺乏引起的。有的树洞巢里，中华秋沙鸭已经产了好几枚卵，可是鸳鸯也开始在那个树洞巢里产卵；有的树洞巢里同时有两只中华秋沙鸭产卵，然后它们一起孵化自己的卵，有时一只雌鸭放弃孵化，因卵数过多，剩下来的雌鸭无法完成全部卵的孵化工作，而使卵损失。

在人类的活动范围内，林木被大量砍伐，特别是适合中华秋沙鸭做巢的老龄阔叶树越来越少，导致中华秋沙鸭找到一个合适的居所已经变成一件非常困难的事儿了。因此，巢竞争是非常普遍和激烈的现象。

# 猫头鹰的故事

大多数夜行性动物都喜欢居住在洞穴中，如猫头鹰居住在树洞里，小型鼠类居住在地下土洞、树洞和枯枝落叶层下，并且大多数夜行性动物喜欢居住在密林深处比较阴暗的环境中。

猫头鹰的飞行是无声的，它们的眼神也是独一无二的。有一次，我在红松人工林中用自制的哨子呼唤花尾榛鸡的时候，一只长尾林鸮从我背后伏击了我。在我吹哨静听有没有花尾榛鸡的应答声时，突然我发现前面地上出现了一个鸟的影子。我抬头仰望的时候，猫头鹰已经在我头上方 1 米左右的高度，然后向上冲去，在树冠上部悄无声息地消失了。

猫头鹰可能把我当作花尾榛鸡了，来到跟前发现不对，又急忙飞走了。白天，猫头鹰的视力的确是不好，但它的听力仍很出色。这个时候是 5 月份，可能正是长尾林鸮喂雏的时候，它们不分白天黑夜地出去狩猎，捕猎可口的食物，喂养雏鸟。喂雏期间，长尾林鸮会捕猎松鼠、花鼠、飞翔力不强的一些鸟类。

我进入原始森林里，没有见到猫头鹰，可是在农田或有人家的树林地或有草地的疏林地会听到它们的声音，这说明它们喜欢环境更多样的地方，因为这些地方有丰富的虫子、鼠类和鸟类。河边也是它们喜欢的栖息地。

　　每当进入森林，想听听猫头鹰的歌声却是件不容易的事情，有时等了很久也听不到它们的声音。它们的数量很少，为什么没有人捕杀它们，它们的数量还是如此少呢？

　　猫头鹰是典型的在夜间出没的动物，它们的身上具有把多种实际物体与视觉、听觉、触觉及温感等几多感觉膜联系起来的能力，构成

◎长尾林鸮在树洞口

在夜间弱光下精准捕食的探测系统。

　　长尾林鸮是昼伏夜出的鸟类，捕食活动主要在夜间进行，是典型的夜行性鸟类。长尾林鸮主要分布在内蒙古、北京、四川和东北地区。国外主要分布在欧洲北部和东部、西伯利亚、蒙古北部、朝鲜、萨哈林岛和日本。它们栖息于山地针叶林、针阔叶混交林和阔叶林中，通常单独活动，白天多在密林深处，常直立在近树干的水平粗枝上。由于它的体色与树的颜色很相似，因此虽不隐蔽，但也很难被发现。

　　夜间长尾林鸮通过视觉和声音，能非常准确地感觉到猎物的位置。据文献记录，猫头鹰在昏暗的光线环境中，能探测到在 70 多米远的地方活动的老鼠。夜行动物的眼球一般呈管状，眼睛的视网膜上有极其丰富的柱状细胞，这种细胞能感受外界的光信号，因此猫头鹰的眼睛能够察觉到极其微弱的光亮或热辐射。它们从形态上也体现了大眼睛和眼部结构复杂化的适应特征。

第 5 篇

人类、动物和河流的交流

# 甩毛钩的季节

我对河流的景色特别着迷，喜欢变换着角度，在河流的场景中，想象着加入大块的石头、动物和人，试图捕捉河流环境和生物体相互作用的感觉。我觉得站在河边的时候，最容易领会广阔的河流、森林、山谷、天空和生物的自然空间。似乎在一条河流中，可以寻找自己的现实、自己的印象，扩展自己的想象空间。

一只石蛾，在水面上轻轻地点水，瞬间一条鱼一跃而起，一口吞下飞蛾。这种场面怎么能不让人动心呢？我时常想起50年前的事儿，每年的这个季节，头道白河上成千上万的飞蛾出现，刺激着鱼儿，同时点燃了钓鱼爱好者的热情。甩毛钩的时间最好是在早晨和太阳即将落山的时候，飞蛾很活跃，也是鱼觅食的高峰期。这个时候，我一个人站在河流中的石头上甩毛钩。虽然从河面看是一幅钓鱼的场景，但它也是一幅关于空间的画面，人、水里跃起的鱼，以及高耸的积雨云，加上温暖的岩石河床、清凉而静止的岩石、沿岸绿树一同投影在水面上变成河流的全景画。傍晚，温暖的光线逐渐退去，而温柔的雾气在狭窄的河面上慢慢升起，飘忽不定，笼罩着整个河面。

我喜欢看别人钓鱼，喜欢看鱼咬钩的那一瞬间：鱼竿的头微微弯下去，提竿时和鱼较劲的鱼竿在抖动。绷紧的渔线随着鱼左右窜动，让人感觉到鱼为了逃生而挣扎的无奈和绝望。而钓鱼人为了获得这条

鱼，慢慢把鱼溜得没有力气了，再拖到自己跟前，操起捞网把鱼捞出，
细心地把鱼钩从鱼嘴里摘出。个头大的鱼，需要很长时间才能完成捕
捞的过程。可以想象这个过程是多么精彩，几乎耗尽人的力气。有时
会把鱼竿折断，有时会把渔线挣断。这里确实有窍门和技巧，我初次
尝试钓鱼的时候，唯恐鱼挣脱了，猛地提竿，结果鱼跑掉了，原因是
猛地提竿容易把鱼的嘴豁开。鱼咬钩时，需要适度地拉竿和适度地放
竿，这样顺着鱼的力量拖一段时间，消耗鱼的力气，最后鱼筋疲力尽了，
就乖乖地任人摆布了。

　　钓鱼人通常选择看起来河面比较平静、河宽合适的地方，不停地
从一侧到另一侧，反复地换位置，甩着鱼钩，抖动着鱼竿。鱼竿的前
端非常细但富有弹性，渔线带着鱼钩，在水面上像飞蛾一样跳动着。
在一个地方捕到两三尾鱼后，再挪动位置，重复着一样的动作。钓鱼
人似乎对周边没有感觉，全部的精力都集中在毛钩上，眼睛随着毛钩
移动着。放钩也有几种方式，一是毛钩逆流而上，二是横在水面，三
是顺水而下，采用哪种方式通常要根据河面情况而定。放钩的位置也
有讲究，靠河岸柳树丛下可以钓到茴鱼和大柳根鱼，在急流和深水的

◎细鳞鱼

◎黑龙江茴鱼

地方可以钓到细鳞鱼和大一些的苗鱼。

我跟随钓鱼人看钓鱼，仿佛也融入了钓鱼的世界，每一次鱼咬钩的时候，我都跟着紧张。挂在鱼钩上的鱼，我印象太清晰了，和我平时看到它们的样子不一样。事实上，活着的鱼和死去的鱼，给人的感觉是截然不同的，很多动物都是这样的。

# 毛钩的诱惑

钓鱼人满载而归。他是我的邻居，能吃苦，了解山里的事情，给我讲了许多有关动物的故事，是我特别崇拜的一个汉子。他是个钓鱼高手，给我讲了一些毛钩的常识，也讲了为什么水面上有那么多飞蛾，而鱼偏偏喜欢咬他的毛钩。从他的话中我知道了一点，那就是他非常了解鱼类的生活习性。

他指着自己常用的毛钩说：这个钩最容易诱骗鱼咬钩，它的奥秘就在于是用发亮的毛制作的。原来鱼类的捕食行为受感官体系影响，例如，黑龙江茴鱼逆流而上，进入河岔中产卵，但是在产卵的过程中，黑龙江茴鱼不会吃东西。产完卵后，它也只吃微小的水生动物和其他浮游动物。科学研究发现，受产卵前的兴奋状态影响，明亮、五颜六色的物体以某种难以理解的方式，激怒了黑龙江茴鱼，它会恣意攻击闪亮的诱饵。

在人们的眼里，只有很像昆虫的诱饵，才能使鱼变得激动或想吃，但没有人知道鱼如何看待人工诱饵和其他水中的生物。总的来说，外观可能不重要，一条鱼的反应可能与引发的感官有关。

细鳞鱼的行为提供了具有说服力的例子。在水下移动的手或脚或闪亮的手镯，会引发这些鲑鱼的攻击性。这几乎总是发生在具有微弱的视觉条件的夜晚，鲑鱼的视觉认为这些是可以捕食的闪亮的白色食物，类似于白漂子鱼。从本质上说，诱饵不必看起来很自然，很像一只飞蛾，同样能使鱼兴奋。鱼几乎从未遇到过荧光橙色或黄绿色的生物，但这些颜色的鱼饵是非常有效的诱饵。

鱼是否会辨别各种颜色这一点还不确定。直到现在生物学家才认同一些物种可以看到颜色。在阳光的照耀下，生活在浅水区的鱼类，也许和人类一样，能感知很多颜色；那些生活在深海的鱼类，看到的是蓝色和绿色，因为其他颜色如红色，在更靠近水面的地方被过滤掉了。

颜色是如何影响鱼的还不太清楚，但实验已经表明，有些鱼类能够区分颜色并且倾向某些颜色。如长白山森林溪流中的钓鱼者普遍认为，黑龙江茴鱼倾向于发亮的银色，而细鳞鱼偏向棕红色。也有些持不同观点的人认为，也许小剂量的红色会引发鱼进食，而大量红色则意味着危险。但没有人确切地知道哪种观点是对的。

不管鱼饵引起的反应的本质是什么，鱼的反应似乎是由复杂的感官相互作用引起的，而鱼运用特定感官的程度取决于它自身的感官对于环境的适应程度。

杜父鱼、条鳅和花鳅等在水底觅食的鱼类，嗅觉和味觉极佳，它们都能探测到水中的化学物质，从远处就可以闻到气味。我在河里投放了一些带有盐分的剩余米饭或泥土，它们会很快集聚在那里。但是，这些生活在水底层的鱼类，对在水面上活动的昆虫不感兴趣，所以用毛钩是钓不到这些鱼的。

在自然界中，泥鳅鱼非常依赖它们的触须，如果没有触须，即使附近有一种它喜爱的蠕虫或蚯蚓，也不会被注意到。气味也有助于生活在清澈水域和有良好视力的掠食性物种猎食，它们可以通过受伤的鱼身上散发出体液的气味寻找猎物，而这个距离远远超过它们的视觉范围，如吸血的七鳃鳗鱼就会跟着气味找到猎物。

  大多数鱼类都有很好的视力，有些甚至是超视力。最敏锐的眼睛通常属于食肉动物，几乎所有猎食小鱼的捕食性动物都会瞄准受害者的头、眼睛进行攻击，一些猎物如热带蝴蝶鱼，会在尾巴上模仿出眼睛的图案从而迷惑捕食者。

  捕食者对移动的物体具有高度的敏感性，因此受伤的鱼或昆虫，更容易招来灾难。钓鱼者经常使用的毛钩，和受伤的昆虫差不多，要么像翅膀残缺的形态，要么形状奇特，不管怎样，必须表现出多样化和能够出现各种捕食者感兴趣的动作，否则就会被忽略。运动不仅作用于鱼的视觉，也作用于其听觉。残缺不规则的毛钩在水面移动的时候，产生的声波会影响到鱼的反应。鱼的感觉器官能探测到可听到的波长，振动激起神经干或感觉细胞投射到黏液中的细小毛发。当这些毛发振动时，信号从神经干通过神经系统传递到大脑，使鱼能够关注到扰动的来源。越来越多的鱼饵利用这个原理来设计构造，人们正试图利用鱼"听"的能力，制造出带有共振器和螺旋桨的鱼饵，它们能发出振动，吸引鱼上钩。

# 人工诱饵的历史

人们钓鱼用的人工诱饵五花八门，各种鱼饵有适合不同环境的功能，如适合在平静的湖面上的，适合在大海、大江的和适合在小溪流的，各不相同。不知道是从什么时候开始人们使用人工鱼饵的，而毛钩钓鱼又是从什么年代开始兴起的也无从考证。

19世纪30年代就有关于人造鱼饵的故事。据说美国有一个年轻人，他在小船上垂钓了一上午后，想着该吃午饭了，便把面包和肉以及餐具放在船尾的平台上，正吃着水果，船自己移动撞上了暗礁，一把发亮的银制小勺子掉进了水里，慢慢沉了下去。突然出现一条巨大的鳟鱼，一口把小勺子叼走，消失在深水中。这个年轻人长大成人后，基于当初一把勺子的灵感，制作了各种风格的鱼饵，并靠制造鱼饵发了财。

用各种材料制作的仿生钩，虽然没有生命，却激发了鱼类的某些本能。鱼通常吃活着的东西，如今的鱼饵形状和颜色多种多样，与实际活生生的东西有着很大的差异，但能够刺激鱼类固有的攻击行为，所有鱼饵都以同样的方式起着意想不到的作用。

小的时候，我从河边抓来一些活的飞蛾，然后把飞蛾从头部开始穿到鱼钩上，然后抛出去，鱼钩便顺水漂下。当鱼上钩的时候，轻轻提起鱼竿就钓到鱼了。这个方法虽然可以钓到鱼，但是，每次抛出去的时候，往往会让穿到鱼钩上的飞蛾从钩上脱落；或鱼在吞钩上的飞蛾时，仅咬住了翅膀，就能让鱼饵脱离鱼钩。这样很不方便，会因经常补充鱼饵而耽误时间。后来人们经过长时间的实践，想出用动物的毛和羽毛制作出模仿飞蛾的毛钩。

在长白山地区，曾流行一种用动物毛制作的毛钩，主要仿照了昆虫的模样。制作方法比较简单，准备一个鱼钩、一些细线、鸭毛、兽毛和鸡的刚毛。用细软的兽毛捻成一股细绳，用它在鱼钩上缠绕成虫子的腹部模样，露出尖锐的鱼钩部，然后用鸭子的腹部或胁部带有条纹或斑点的羽毛做成虫子的翅膀，这样一个类似于石蛾模样的毛钩就制成了。用不同的材料可以制作各有特色的毛钩，有的时候人们会根据季节昆虫出现的种类，选择相应的材料制作各种类型的毛钩。

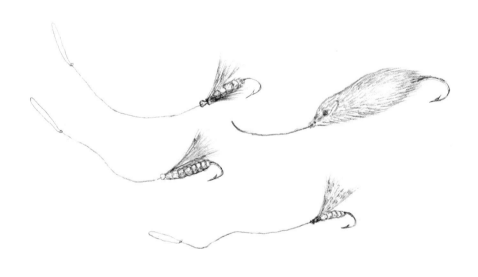

◎毛钩

森林的河流非常适合甩毛钩钓鱼，流淌的河水不是很深，河宽在 10 米左右的河流的水流速度不是很快。水里有一些石头，石头把水流分成两部分，石头后边的就形成旋涡，鱼喜欢在这样的地方停留。钓鱼的人通常穿着鞋和裤子下水，鱼竿不是很长，约 2 米，太长了不好甩动，下半部是当地的木条，上半部是纤细的竹子。鱼竿的重量要尽可能轻，还得有弹性。甩出去的毛钩漂浮在水面上，轻轻地抖动鱼竿，就像飞蛾在水面上点水，可以以假乱真，诱惑鱼上钩。

看到鱼咬钩了，如果提竿过慢，鱼就把毛钩吐出去了。鱼的反应很快，它能很快发觉这不是它们经常吃的真正的飞蛾。我发现人们用毛钩钓鱼的时候，看到鱼穿过来的一瞬间，提前一点时间轻轻地提竿，鱼会很快跟着鱼钩跳出水面咬钩。咬住了鱼饵，这时即使鱼发现上当了，也没有机会吐钩了，只得乖乖就擒。

# 一次钓鱼的经历

那是一个夏季，河流的水温很合适，不凉不热。我一大早从大羊岔下河，开始钓鱼。我就地砍了一根笔直的、粗细适合的柳树枝条做鱼竿，用自己做的毛钩一边走一边钓鱼。虽然别人钓鱼时我看过，也领会了一些方法，自己还钓过几次，可是技术不够熟练。我背着一支7.62

◎水獭家族

口径的步枪，没有带任何吃的，渴了就喝河流的水。这个季节，河边没有什么能吃的浆果或能生着吃的东西。

不管怎样，我还是钓到了几条鱼，每条鱼都给了我不一样的感觉。我在一条小急流中正钓鱼的时候，看到下游不远处的石头上有五只水獭——一只雌兽带着四只幼崽，它们在那里玩得很开心。小水獭之间还在打斗，时而发出尖细的叫声，好像被咬痛了一般。大水獭从石头上滑下，潜入水中，小水獭也跟着妈妈一同入水。它们入水时的样子

◎水獭捕到食物后，头露出水面咀嚼食物

很滑稽，先是头入水，而后整个身子拱起滑入水中，有的个体还用长长的尾巴拍打水面。

水不是很深，可以清晰地看到它们的游向和它们在水下游动时产生的水波。一群水獭入水顿时打破了水面的平静，水獭各自锁定目标，全力追杀着水下的精灵。不一会儿，它们从不同的位置探出头来，只有水獭妈妈捕到了一条大鱼。水獭妈妈拖着大鱼上了那块石头，小水獭们蜂拥而上，互相争夺起来。每只小水獭都分到一块不大的肉块，它们抬起头慢慢地咀嚼着，吃得很香。

水獭妈妈又入水了，小水獭也一个接一个入水，排起一条长龙逆水而上。它们离我越来越近了，也许是因为我在大石头后面隐蔽着，一动不动地观察，它们才对我没有什么反应。但它们游到我近前时，也许闻到了我的气味，便停下来犹豫了片刻，然后抬头朝我看。大眼睛、长长的胡须，幼崽看上去太可爱了。水獭妈妈可能意识到危险，抬起头来，张开大嘴，露出锋利的牙齿，摆出示威的姿态。此刻幼崽们似乎不知道发生了什么，它们还在靠近我。水獭妈妈很用力地用尾巴拍打水面，激起了水花，一溜烟儿钻进水里。拍打的水声惊醒了贪玩的小水獭们，它们也迅速潜入水中。这一群水獭潜入水中后，一直没有露头。我注视着它们消失的地方，向上游望去，最后也没有看到它们的身影。也许它们从河边的柳树丛中上岸了。

一路钓鱼来到头道白河岸大碴子的时候，我听到像小孩子哭声般的声音。我觉得奇怪，深山老林里哪儿来的孩子在哭叫？我停下来环视碴子，忽然眼前一只猫模样的动物一晃就不见了。后来我向猎人打听，描述了叫声，他认为是猞猁。

整个路程约有 10 公里，从早晨走到下午 3 点，快到我们的农田地了。可是就在还有 1 公里多点儿的距离时，我突然感到极度乏力，每挪动一步都很艰难。这是因体力消耗过度和饥饿引起的生理反应，这种反应就像马上要失去意识的感觉，想不起来喝口水，也想不起来吃身上背着的鱼。我好像也失去了理智，迷迷糊糊、非常痛苦地迈着沉重的步伐，一步一步走着，只想快点到家。最艰难的时刻，我看到了一块水萝卜地。我从泥土中拔出还没有长大的水萝卜，就地在裤子上抹掉泥土，吃进肚子里。吃了几根水萝卜后，症状慢慢消失了，身体很神奇地恢复了，我亲身验证了一次"人是铁，饭是钢"的道理。

# 捕鱼方式的变迁

　　已经很久没有人甩毛钩钓鱼了，这种原始的钓鱼方式渐渐淡出了人们的视野。甩毛钩钓鱼在民间几代人中盛行，却随着飞蛾的消失开始退出舞台，再也看不到在潺潺溪流中聚精会神钓鱼的身影了。

　　整条河流被现代工农业和化学污染所玷污，河流中只有流淌的水，没有了生命的精灵。一道道拦河网拦下了去繁殖地的鱼，钻进地笼子

◎地笼子

◎电鱼　　　　　　　　　　　◎鱼挂网很容易缠住中华秋沙鸭等水禽

的鱼在迷宫般的网格中挣扎着寻找活路。一个炸药包掀开了河面，顿时水面上漂浮起一大片雪白的鱼，大的，小的，甚至是小鱼苗。炸鱼者开心了，不顾水深流急，毫不犹豫地跳下去，捞起被震昏了的鱼。一包杀虫农药可以杀死几公里长河中的所有生命，而且残留在水中的毒药会持续很长时间，影响着水生生物的生存。

　　一种传统能否延续下去，与生态环境也有很大的关系，比如头道白河的飞蛾消失影响了鱼的产量，没有鱼，没有飞蛾，甩毛钩钓鱼的传统自然也就随之而消失了。现在，这条河正在恢复往日的面貌，石蛾又出现了并在河面上飞舞。相信在不久的将来，人们又可以用传统的方式享受钓鱼的乐趣了。我们不希望看到极端残忍的捕鱼方式再出现在这里。

# 交流的距离

通过观察我们发现，中华秋沙鸭经常出现在流经居民区的河段或河坝积水区。它们的巢也基本选择在靠近居民区的流域，约有 60% 的巢距离居民区不足百米，其余的巢大多在 1 公里范围内。不管是中华秋沙鸭觅食和休息的区域还是它们的巢，都与人类居住的地方非常近，中华秋沙鸭始终与人类保持着若即若离的距离。

我们推断这一现象可能是因为适宜中华秋沙鸭营巢的天然树洞恰好分布在人类居住地，或者为了远离天敌的危害。黄喉貂、紫貂、猫头鹰等为了回避人类，会远离人类居住的地方，所以中华秋沙鸭在靠近人类居住的地方营巢可能相对安全一些。但是，这样的推断还没有充分的依据，实际上许多动物喜欢与人类共享同一环境。我们知道，人类生活的地方会有河流、农田、建筑物、道路等，有着丰富的生活垃圾、粮仓、家禽和堆积物。

中华秋沙鸭和人类的关系非常复杂，一方面，人类占据了它们的生境，抢夺它们的食物，增加了它们生存的压力；另一方面，中华秋沙鸭逐渐适应了以人类为主导的环境。

中华秋沙鸭究竟怕不怕人？我感觉是怕人的，但是在某种环境下也不是完全怕人。1990 年我刚开始田野考察的时候，采用了寻找目标拍照的方式，也就是沿河寻找中华秋沙鸭。当发现目标后，我会慢慢接近它们，但是中华秋沙鸭非常警觉，我小心翼翼接近的情况下，还能很快发现我并立刻起飞或逃离，让我没有很好的机会拍出清晰的照片。后来我采取了蹲守的方法，在中华秋沙鸭经常活动和休息的地方，用几根木头搭建隐蔽体，在那里守株待兔。虽然隐蔽体很简陋，但还是有效的，中华秋沙鸭游到了隐蔽体跟前，靠得很近。但我一个小小的晃动，立刻引起了它们的警觉，它们很快离开了。我发现它们对我身体的晃动特别敏感，说明它们的视觉特别发达；但是同时我发现中华秋沙鸭对人说话的声音或电话声音并不敏感。只要把自己伪装好，不移动身体，中华秋沙鸭就不会在意了。

如果你想接近中华秋沙鸭，让它们接受你，那么你必须穿着与环境相似的衣服，做好伪装，遮盖住眼睛的光芒，掩藏好自己好动的双手，包裹住一目了然的脸，还要减少不必要的晃动，就像一棵静止不动的树。中华秋沙鸭和其他鸟类一样，它们的眼睛会放大任何物体。它们似乎害怕所有模糊不清的物体，但从不害怕任何它从远处就能看清的东西，如大树、黑黑的树桩、棱角分明的石头等。所以，你要慢慢靠近它，不要突然变换姿势，用善意的眼神看它们，这样它们会接受你，才会给你近距离观察它们的机会。

近年来，好多野外摄影者用隐蔽网或野外帐篷，中华秋沙鸭慢慢适应了这些东西，虽然仍会表露出防备之心，但已经不很在意。如果再给它们投喂鱼类，它们就会不在乎岸边的拍摄者和相机的快门声，照常捕食鱼类，有时你甚至可以接近距它们几米的距离。常年经常定点投食喂鱼，可以达到像自己家养鸭子的效果，只要发出投食时的声音，它们就会条件反射般地过来觅食。

在人类居住的地方，中华秋沙鸭可以接受的距离很近，见到人也不会逃离，正常觅食、休息和玩耍，对人的活动有很高的容忍度。但是远离人类活动的区域，即使是在很远的距离，只要岸边有人走动，它们就会立刻起飞或逃离。中华秋沙鸭非常聪明，它们对人、对真正的威胁有非常敏锐的判断，所以中华秋沙鸭能够适应有人存在的环境。

# 人们的保护行为

　　随着生境的改善，中华秋沙鸭的繁殖地几乎遍及松花江几条支流。它们种群数量的恢复不是一帆风顺的，有时候也会繁殖失败，也有个体死亡的案例，但是这些并没有阻挡中华秋沙鸭以头道白河、漫江、松江河和富尔河为中心，向四周逐步扩散。

◎用于拍摄中华秋沙鸭的隐蔽网

　　实际上不仅仅是中华秋沙鸭种群数量在变化，本地居民的生活也发生了改变。流经抚松县漫江镇八公里村的漫江河，河湾流速缓慢的河段是中华秋沙鸭雏鸟生长期主要聚集的地方，这里为拍摄爱好者提供了拍照营地。只要有中华秋沙鸭繁殖的地方，如松江河镇、二道白河镇、大蒲柴河镇等地方，每年都会有来自全国各地的动物摄影爱好者来到这里。

　　人们对中华秋沙鸭经历了从不熟悉到熟悉的过程，并逐渐得益于这个有中华秋沙鸭生活的环境。人们有意或无意中，改变了中华秋沙鸭原来的生活空间和生活状态。的确，任何一种野生动物，都会在人类的干预下改变习性。现在，珍稀物种普遍受到人们的关注，让人们产生了人为主观的保护行为，这个出发点是好的，为濒危动物创造了更好的生存环境。

　　可是，善意的举措也可能导致我们不希望看到的结局。比如挂人工巢是我主张的，目的是研究，可是因为我们过于热情，到处挂人工巢，产生了很多问题，如巢内铺垫厚的细软物品，在孵化过程中容易使卵沉入底部，不能充分和雌鸭身体接触而导致卵不能孵化出来；制作人工巢时，锯木产生的粗糙木屑铺到巢里后，鸭子翻滚卵的时候，会把细软的绒毛卷到木屑上，雌鸭腹下绒毛的减少导致蛋表面温度易受气温变化的影响；如果中华秋沙鸭过于依赖人工巢，会让它们放弃天然树洞，从而改变它们原来的习性；人工巢会减少中华秋沙鸭营巢的时间，导致它们的产卵时间提前，孵化时容易受到春季不正常气温变化的影响，导致孵化率下降；提早孵化的雏鸟，因受到春季昼夜温差剧烈变化的影响，使雏鸟的成活率下降。这些现象很普遍，所以我们在还没有深刻了解保护行为会产生什么样的结果之前，与中华秋沙鸭的交流需要保持距离，这才是正确的保护行为。

◎从人工巢中跳巢的小鸭子

　　在中华秋沙鸭繁殖的河流两岸缺乏营巢条件的情况下，人们制作了大量人工巢悬挂在树上。目前，中华秋沙鸭入住后的效果显著。在特殊情况下，有必要人为地适度干预，以达到增加中华秋沙鸭繁殖数量的目的。但是，人工巢也增加了中华秋沙鸭的繁殖密度，接踵而来的问题显得更加严重。一条河流中中华秋沙鸭繁殖密度的增加，给繁殖期有限的空间和食物资源带来了压力。目前，我们正在研究增加中华秋沙鸭的栖息地分布区域和繁殖所需的河流面积，可能会通过改变人工巢布放格局的方式分散种群，从而解决它们的活动空间和食物资源的问题。

　　在长白山，中华秋沙鸭繁殖种群的数量已经达到了百余只，但是还没有让它们摆脱濒危的处境，需要人们做更多的事情。近年来，人们通过人工巢实验的方法，研究鸟类繁殖生态学及生态习性。由于该实验方法易于操作，能人为控制，因而成为一种研究鸟类繁殖生态学的重要手段。繁殖是鸟类生命历程中最重要的环节，繁殖成功率直接影响着种群动态和物种延续。繁殖也是鸟类生态学研究中最引人关注的一个领域，长期以来一直是我国鸟类生态学研究的重要内容。

　　人们对中华秋沙鸭的保护，实际上也是对河流环境和其他水生生物的保护，中华秋沙鸭起到了"伞护种"的作用，对于河流的保护有着重要的意义。

# 威胁来自何方

中华秋沙鸭的巢通常选择在高高的树洞里，感觉相对安全一些，但仍然有一些不速之客造访，特别是黄喉貂、蛇这样的杀手。在孵卵的关键时期，稍有闪失，孕育在蛋壳里的小生命就会夭折，而成鸟也难以幸免于难。尽管黄喉貂、蛇对中华秋沙鸭的捕杀经常发生，但是这并没有阻止中华秋沙鸭种群数量恢复的进程。现在通过人工巢箱增加了中华秋沙鸭繁殖的窝数，一些河流中的中华秋沙鸭数量较以往成倍增长。

一条河流中，种群数量的增加意味着食物资源和活动空间的竞争，而食物限制和种群内部竞争也会影响鸟类的繁殖和个体的存活，从而进一步影响鸟类在繁殖和个体生存两个方面之间的选择。

中华秋沙鸭与其他鸭子不同，它们的消化能力非常强，新陈代谢旺盛，每天需要足够的能量来维系它们好动的习性。人们普遍认为，一条大河的鱼类资源足够满足它们的需求，但事实并不像我们想象的那么简单。因为中华秋沙鸭是吞咽食物的，它们没有能力把大鱼撕成小块吞食，只能捕捉能够吞咽的大小合适的鱼。雏鸟随着日龄的增加，它们能吞下的鱼的尺寸从小变大，但它们的个体大小都有极限，所以不是所有的鱼都是可以吞咽下去的。

中华秋沙鸭繁殖的几条主要河流，都是非常理想的可用于水力发

◎河坝

◎河坝截流

◎头道白河截流后的情景

◎水上娱乐——漂流

◎岸边废弃的渔网

◎捕捞渔船

电的地方，每条河都建有几处发电站。这些发电站会拦截河水，使河面产生一定的落差，用水的力量推动涡轮旋转，把水的势能转换成电能。建发电站必须建拦河坝，河坝形成后难免会阻挡鱼类的洄游。

春天的时候，大地上的雪融化，大量的水汇集到河流，水漫过河坝，在坝后形成落差不大的小瀑布。此时正是小鱼往上游迁移的时候，一群小鱼努力地想越过河坝，去理想的产卵地。但是，没有一种小鱼能跳过这个障碍物，但它们还是坚持努力着。我欣赏小鱼不懈地尝试跳跃的行为，也目睹了一些涉禽、鸳鸯、中华秋沙鸭、褐河乌等在那里轻而易举地捕捉小鱼，还看到了黄鼬也在捕食那些受阻的小鱼。

◎下渔网

◎被渔网缠死的鸭子

一条大河里的鱼类，是靠鱼类迁徙来补充的。大多数种类的鱼都有迁徙到河流支流的森林小溪流中产卵的习性，如柳根鱼、细鳞鱼、黑龙江茴鱼、北方条鳅、花鳅等，而有些鱼类如杜父鱼可以在主河上产卵。

我回想起 30 年前，头道白河鱼类资源非常丰富，但突然之间，头道白河鱼类资源变得极度贫乏了。那个年代，正逢鱼类市场价格扶摇直上，人们为了利益采用了极端的成本很低的方法，那就是投放农药。这一行为杀死了河流中的鱼类、鳌虾和大量底栖昆虫，还包括冬眠的林蛙。这里的水生生物几乎被消灭干净，细鳞鱼、黑龙江茴鱼和哲罗鱼等基本消失了。后来经过漫长年月的休养生息，这条河里的底栖类生物、花鳅、杜父鱼和柳根鱼才开始逐渐有缓慢恢复的迹象。

幸运的是自然界有着超凡的恢复力，近年来已经能在水面上看到成群飞舞的石蛾。石蛾是头道白河鱼类的主要食物，春夏季节鱼类捕食水面上飞行的石蛾成虫，冬季鱼类吃附着在石头上的石蛾幼虫。石蛾的大量出现表明被破坏的生态环境正在逐步恢复。

虽然自然界有着惊人的恢复力，但是是一个非常漫长的过程。如果没有河坝的阻拦，可能鱼类资源恢复得会快一些，也能让中华秋沙鸭的食物资源压力小一些。现在，我们通过对中华秋沙鸭的寄养现象和领地竞争的观察研究，可以看出食物资源短缺引发的种种生态问题。

中华秋沙鸭对活动空间有着独特的需求，它们很少进入河宽不足10米的河道里，也几乎不进入小河汊里。它们喜欢在较宽阔的河面活动，休息的时候停留在被河水包围的石头上，这些习性也许与防范天敌捕食有关。中华秋沙鸭的特殊行为需求，大大缩小了它们的活动空间。中华秋沙鸭的活动空间是非常有限的，物种本身特有的习性以及是否有丰富的食物都是限制其活动空间的因素，此外，人类的各种活动也是重要的影响因素。

人们在河流上进行的娱乐活动，如水上漂流、水上餐饮业、水上游船等，挤占了中华秋沙鸭的活动空间。活动空间的减少，导致了各种奇怪的现象，如寄养、两个个体同巢产卵、放弃繁殖等。

人们认识到中华秋沙鸭的生活空间不足产生的生态学潜在问题，开始实施人工巢工程，在多条河流中人为创造可供种群繁殖的条件。中华秋沙鸭在各地分布着多个种群，能确保中华秋沙鸭在一个种群面临灾害的时候，整个种群不至于遭受灭绝的风险。有目的地布放人工巢，就是为了分散中华秋沙鸭的活动空间，防止繁殖密度过高而产生的一系列生态问题。

每年的六七月份，长白山进入雨季，降雨量累计超过100毫米的时候，许多小支流的水会一瞬间汇聚到大河里，河水水位迅速上升，河水的颜色很深，变成了黄色或咖啡色，水流很快，淹没了河中的大石头，掀起滚滚水浪。雨停了，河水水位也开始缓慢地下降，但水的浑浊状态会维持数天。

　　森林河流水位上涨的时间点正是中华秋沙鸭雏鸭的生长期，有的雏鸭已经接近成体，有的雏鸭日龄却不到半个月，大小参差不齐。雏鸭生长期是鸟类繁殖的重要阶段，是其生命历程中较为脆弱、容易受到各种不利环境条件影响的关键时期。雏鸭成活率是决定种群繁殖成功的关键因素，直接影响其种群数量。

◎雨季河流

暴雨后的洪水是雏鸭要经历的最艰难的一场考验，强降雨导致河水猛涨且浑浊，无法看到水里的鱼。如果河水浑浊的状态持续几天，那么雏鸭会因无法获得足够的食物而面临死亡。我们曾观察到，大雨后雏鸭减少了几只。死亡每天都在进行着，有的被天敌捕杀，有的因无法捕获食物而饿死，有的掉队后没有雌鸭看护，有的因天气突变而体温下降……

在浑浊的河流中没有机会捕食鱼类的时候，雏鸭就在雌鸭的带领下选择河岸边附着在草丛或树叶上的昆虫为食。一大群雏鸭不顾岸边的危险，争前恐后地在岸边的泥土中、草丛中觅食。本来吃鱼的鸭子，需要捕食大量昆虫才能填饱肚子。在这个时候，要获得足够的食物是一件非常困难的事情。短期内也许可以勉强度日，但是如果这种状况持续时间长了，雏鸭就会因食物不足、缺乏必需的营养而死亡。

在长白山几乎每年都有发大水的情景，小鸭子每年都要经过一场残酷的考验。幸运的是小鱼在发大水的时候，也要靠近岸边浅水的地方避开急流的冲击，这时候小鸭子也可以在岸边水浅的地方捕获一些食物。可是，紧靠岸边觅食的小鸭子随时可能成为岸边其他野兽的盘中餐。因为饥饿的小鸭子只顾自己填饱肚子，不会注意来自岸边的危险。

# 偷走心灵的鸭子

在大自然中拍摄动物的影像是一种享受，也是一种探索动物世界的途径。用相机记录动物的形态和各种行为，可以增加自己的满足感和获得感。自从 1985 年拥有了一架理光相机和 100—300 毫米的变焦镜头后，我总是向往着到野外捕获精彩的动物照片。有了相机，我一心想着要拍摄出中华秋沙鸭美丽而矫健的身姿。

◎借影客

因为有了相机，我在河边蹲守观察中华秋沙鸭的次数也多了。我在河边等待鸭子靠近，希望它们靠得更近一些，这样就可以更细致地记录鸭子的一举一动。我经常更换拍照点，用一些枯木或倒木或水冲下来的木头搭建简易的隐蔽所，有时从早晨到傍晚一直在隐蔽所蹲守，观察中华秋沙鸭。在我的记忆中，这个过程中我经常会记录到有趣的现象。

在拍摄中华秋沙鸭的过程中，我有过几次非常后悔的事情。有一天，晴转多云，下午开始飘起雪花来。春天的雪花很大，显得沉重而湿润。我上午开始观察并拍照，捕捉了不少好镜头，拍了两卷胶卷。兴奋中我不知不觉地随意按动快门，带的胶卷很快拍完了。也不知为什么，中华秋沙鸭反而越来越靠近我，离我已经不足 3 米，还长时间在表演各种动作。我又着急又后悔。为什么那么随意地用完胶卷，为什么不多带一点？

雪纷纷扬扬地飘落到水面，在水面上活动的中华秋沙鸭顶着雪更是活跃，时而潜入水里，时而仰起头抖动翅膀。雪和中华秋沙鸭，还有黑色的水、水里的倒影，多美的景色啊！我只能看着，虽然心有不甘，没有抓到这个美景，但能够看到如此美丽的瞬间，也就满足了。我奢望以后还会有这样的机会。

每当我在观察和拍照的时候，一旦中华秋沙鸭在我眼前出现，我的心脏便会剧烈地跳动，只觉得时间飞逝；而当我静止不动地等待时，脉搏也缓慢下来，仿佛度日如年。我总是如此。

野外拍摄是一个漫长等待的过程，有时一天也见不到中华秋沙鸭的影子，但是在等待的时候，总会有一些意想不到的情景出现。

有一天，我早晨五点半就到了河边观察点。此时河面上只有绿头鸭、白腰草鹬、矶鹬、白鹡鸰、灰鹡鸰、褐河乌和普通翠鸟。褐河乌

◎ 白眉地鸫

在忙着筑巢，贴着水面上下来回飞。

　　普通翠鸟在河对岸的柳树上，注视着水面，发现鱼时迅速俯冲下来，又很快飞上树枝吃掉小鱼，然后又向上部挪动，捕食后再往上换个地方。在100米左右的范围捕食后飞下来，又从头开始一边捕食一边换地方。

　　我在这里等中华秋沙鸭、梅花鹿和水獭出现，可是等到九点了它们都没有出现。我正准备收拾东西离开的时候，我身后的坡地上出现一种不熟悉的鸟叫声，初期我觉得很像松鸦偶尔发出的奇怪声，但细听又不是。紧接着有一只鸟飞落到我附近，很像斑鸫，但不是。

　　我离开了蹲守点，走到50多米远的坡上，突然有类似黑啄木鸟的鸟落到路旁的树上。我忙端起相机拍了几张照片，放大一看是白眉地鸫的雄鸟，白眉非常显眼而突出。啊，刚才听到的那个叫声就是它发出来的，落到我附近的那只鸟就是白眉地鸫的雌鸟。

　　转瞬间白眉地鸫飞进密林中，我慢慢靠近一些，靠在大树后面观察这只鸟。它在树林的中下部活动，有时像啄木鸟一样斜着落到树干上，伸长脖子观察地面或朝我看。它落到地面跳跃着，速度很快，跳到小树桩上停顿了片刻，不一会儿又落地，在地面蹦跳，靠近河边后飞上小木。这里还是比较阴森的，有许多臭冷杉树和杨树。白眉地鸫在这里活动的时

候没有鸣叫，只是在树和地面之间来回
交替地移动，不一会儿就不见踪影了。
对我来说，这是第一次这么近距离观察
白眉地鸫，也是第一次用相机拍摄到如
此清晰的照片。

◎山斑鸠

　　猎影客普遍的特点是闲不住，只要有空就要出去拍几张，我也是一样。我总是幻想着能碰到运气，拍到更精彩的画面。自从有了数码相机后，我更痴迷于野外拍照，从中获得满足。的确，在拍照过程中，我观察到了许多以往没有观察到的动物行为。

　　有一天早晨，太阳已经升得很高，阳光从树冠顶上照射到水面。流动的水面在光的作用下，水的脉络显得非常清晰。河面上有一群绿头鸭，雌鸭领着 8 只雏鸭在水面上忙着捕食漂浮在水面上的昆虫和浮游物。白鹡鸰停立在河流中露出水面的石头上，等待飞虫靠近，或看准飞蛾就飞过去。鸳鸯几乎都成对活动，在河边草地、石头或河边倾斜的树干上休息。通常雌鸟不管周围如何都缩头睡大觉，而雄鸟则时不时抬起头看看周围，好像在负责雌鸟的安全。

　　我在一个环境幽雅的地方静静观察这些动物，欣赏它们的美丽和各种姿态。有一对鸳鸯进入了我的拍照位置，我赶快对焦拍了几张。在我欣赏照片后想要离开的时候，看到一只体形较大的鸟从树间飞来，落到河对岸向水面倾斜的柳树上。原来是山斑鸠，正在顺着倾斜的树干往上走。我顺着它走的方向移动目光，发现它在枝丫处放了什么东西。

　　第二天早晨四点钟，我来到山斑鸠巢附近，巢里没有山斑鸠，只有一枚乳白色的卵。半个小时后，一对山斑鸠从一侧飞过来，很快进入巢中。巢中两只鸟相依在一起，头对头，互相用嘴触碰对方的嘴或梳理羽毛，很亲热的样子。持续几分钟后，雄鸟离开了巢，飞到附近的地面上。原来它们在巢中交尾，一边产卵一边添加巢材。

　　不一会儿，雄鸟飞回来落到巢下一侧的树干上，嘴里叼着细长的树枝，然后沿着树干走上去，到达巢位后将细树枝放进巢内，雌鸟则把雄鸟带回来的树枝摆放在合适的地方。雄鸟的工作效率很高，短时间内往返多次带回树枝。树枝长约 10—30 厘米 ，粗约 0.5—1 厘米。一个多小时后，雄鸟不再叼树枝了，而是飞到较高的树上，鸣叫几声。雌鸟还在整理巢，它用嘴细心地摆放树枝，反复进行调整，或用身体来回转动，好像在测试是否舒服。

第三天早晨，我看到一只山斑鸠在巢中，巢中有两枚蛋，另一只鸟则不见其踪，这表明山斑鸠可能开始孵蛋了。《动物志》中描述，斑鸠通常晚上由雌鸟孵蛋，白天由雄鸟孵蛋。为了验证这一描述，我在山斑鸠巢附近 2 米远的地方安装了红外相机。两天后，我来查看红外相机的工作状况。我来到巢跟前，山斑鸠不在巢上，两枚蛋也不见了。我急忙查看红外相机拍摄的图片，图像中出现了一只野猫，在夜间偷袭了巢，把蛋吃掉了。我的验证计划被这只讨厌的野猫给打破了。也许是因为我经常在这里观察巢，引起了这只野猫的注意，又或许我不经意间留下了什么让野猫感兴趣的东西。

很多时候，一天也见不到中华秋沙鸭，我就会很着急。有时我就想：如果有人从上游或下游把鸟的家族群赶到我跟前，那该多好，我就不用在这里苦苦等待了！这种想法总是在苦求而不得见的时候浮现在我的脑海。也许不止我这么想，许多猎影客也都这么想吧。

# 猎影客的自白

有一次，我们几个喜欢给动物拍照的人聚在一起，谈论拍摄中华秋沙鸭的话题时，他们说出了一些影响中华秋沙鸭生存的事。最近在几条河附近，有中华秋沙鸭的雏鸭孵出来了，很多拍照的人在那里等着鸭子过来拍照。中华秋沙鸭的活动范围很大，有时在拍照点只有一次机会，那些从很远的地方赶过来的人甚至没有机会看到。但是人很会想办法，只要花点钱，雇上几个人，就可以从上游把中华秋沙鸭家族群赶到拍摄点，满足猎影客的需求。如果拍摄一次不满足，就会再驱赶一次，一天可能要进行多次驱赶。在被驱赶过程中，中华秋沙鸭极度紧张，没有时间觅食，有些鸭子会分散掉队而处在危险之中，甚至造成小鸭子死亡。这种驱赶方法已经成为把中华秋沙鸭拍摄商业化而经常采用的手段。可想而知，为了满足一批又一批客人的需求，会有多少小鸭子经受折磨甚至母子离散的痛苦。

我在想：我们猎影客什么时候可以丢掉自己贪婪的心态，从内心深处尊重动物呢？但是，在名利的主导下，人还是难以停止扰乱自然的行为。我就是一个徘徊在理智和不理智之间的摄影爱好者。

有一件事情很是让我纠结。2021 年 5 月 10 日，我的一个朋友打电话约我去观察中华秋沙鸭雏鸭跳巢的过程。他说有一窝已经破壳的雏鸭，可能今天就要出巢了。那天早晨，我和小秦还有东北师大的小王一起出发，到达头道白河鸭巢点位的时候已五点半了。

我们在巢附近清理树枝，选择拍照位置的时候，可能惊动了雌鸭。五点四十分左右的时候，雌鸭从巢洞飞了出来，叫了一声飞到附近的河里。我们用探头探了洞巢内，一群小鸭子聚在一起，一动不动。我们又在下面忙着清理场地。这时，一只小鸭从洞口跳下，不一会儿一只接一只地都跳了下来，共 9 只小鸭。跳到地面上的小鸭张着小嘴，不停地发出像小鸡一样的叫声，然后都朝河边移动。小鸭们移动的速度也不慢，有些树枝阻挡的时候，翻越起来才显得缓慢。

头道白河这两天水量猛涨，好多高出河面半米多的石头都看不见了，流速也很快，小鸭子一入水就顺着水流漂下去了。我隐隐约约地听到雌鸭的叫声，但因水流声很大，没有听清是在上游还是在下游。很快大部分小鸭子都不见了，但有三只没有跟上雌鸭，它们误入了河边的小池塘，不停地呼唤母亲。小池塘是长条形的，长 20 多米，小鸭子在这里上下游动了几次。当我接近的时候，小鸭子就潜入水里，潜游几米远，露头后又潜下去。后来它们顺着池塘出水口游入大河，再听不到它们的呼唤声了。也许雌鸭在河口等小鸭子吧，但我不知道这几只小鸭子是否找到了母亲。

整个过程发生得很快。我们为了确定洞巢内是否还有雏鸭，用探头看了一下，果然还有一只小鸭在洞内。它不肯跳下来，我们只好爬上树，把它拿下来，放到河边的池塘里。一只孤零零的雏鸭，在池塘里上下游动了几十分钟，不停地叫，可是却没有母亲的回声。最后，它自己进入了大河，沿着河边顺水下去，一边叫一边游动。游到距巢 100 多米的时候，可能冰凉的水令它难以忍受，小鸭爬上了露出水面的倒木，停留了不到一分钟，又继续顺水漂流。后来如何就不得而知了。

今天虽然拍到了跳巢和雏鸭的照片，但是我心里非常难受，觉得

◎掉队的小鸭子

因拍照干扰了鸭子正常跳巢的机会，也许我的这种行为会使这个家族损失很大。我现在还不知道雌鸭到底领走了几只小鸭，这些分散的小鸭最后是否能汇集在一起。我在自责，也在思考一个问题：在长白山有那么多中华秋沙鸭繁殖巢，会不会每个巢都有人在等待拍摄雏鸭跳巢的过程？如果是这样，可能很多中华秋沙鸭家族都面临着如同我见到的这种结果。

○落单的雏鸭寻找自己的母亲

我在接下来的几天要定期观察被我干扰到的这一窝中华秋沙鸭的后续情况，看它们家族群还有几只小鸭子。

这次的经历让我意识到最好不要干涉动物的生活。

# 一种鸭灭绝的影子

你见过这种鸭子吗？许多鸟类研究者经常这样问别人。这种鸭子是雁形目鸭科的一种，目前处于世界性灭绝状态，它就是冠麻鸭。冠麻鸭曾经在西伯利亚沿海、中国东北部、朝鲜及日本地域生存过，但是目前认为这个鸭种已灭绝。许多国家，如中国、韩国等陆续发布了"你见过这种鸭子吗"的传单，广泛散布在各地。

◎冠麻鸭

冠麻鸭的生活习性非常模糊，全世界现存的标本仅有三件。在博物馆保存了一件雌性标本，其他两件标本在东京的鸟类研究所保存，为一公一母标本。

冠麻鸭雄鸟头顶有像马鬃一样的黑色冠羽，一直披到后颈，并向前延伸到额部和眼下。头侧和颈为灰色，上体为灰色，密布细的黑褐色横斑和白色横斑。两胁和肩为棕栗色，腰、尾上覆羽和尾为黑色，翅上覆羽和翅下覆羽为白色，飞羽为黑色，次级飞羽外翈为金属绿色，在翼上形成明显的绿色翼镜。胸和颈背为金属绿黑色，尾下覆羽为棕色，颊部有一黑色斑，其余下体灰色，有细密的黑褐色冲囊状斑和淡白色横斑。嘴和脚是橘红色，虹膜为褐色。

冠麻鸭雌鸟头顶羽冠和后颈为黑色，前额、眼先、眼区、颊为白色，眼周有像马勒一样的黑色围绕着眼，就像戴了一副黑色眼镜。头侧和头前面以及颈和上胸为白色或皮黄白色。腰、尾上覆羽和尾为黑色，尾下覆羽为棕黄色。肩、翅似雄鸟，其余上体和下体淡白色，或少有淡皮黄色，具有细密的暗褐色横斑。嘴、脚肉为粉红色，虹膜为褐色。

到现在，鸟类学界还没有放弃对冠麻鸭的迷恋，这是一种长期引起鸟类学家迷惑和争论的神秘鸟类。最早对它进行研究的是英国鸟类学家斯克拉特。1877 年丹麦人伊尔明格在符拉迪沃斯托克附近得到一只标本，斯克拉特于 1890 年在伦敦动物学会上发表了一篇报告，认为伊尔明格可能是赤麻鸭和罗纹鸭的杂交种。

1916 年在朝鲜釜山采集到了第二只标本，日本鸟类学家黑田根据这件标本于 1917 年在日本鸟学杂志上发表论文，确认了这是一个新种，命名为冠麻鸭。但是这个新种在相当长的时间内没有得到以斯克拉特为首的欧洲鸟类学家的承认，他们认为作为一个在自然界独立存在的物种，不可能仅仅只有两个标本。后来又采集到第三个标本，同时日本古籍中大量出现冠麻鸭的图片和文字材料，才使得冠麻鸭新种逐渐得到鸟类学家的认可，这一新种最终被确立了下来。

据日本古籍《鸟类速写》画册和有关资料记载，冠麻鸭是于1716—1736年间从中国进口到日本的，其原产地在中国。日本鸟类名录（1977年第5版）报告中记载，1936年在中国东北采集到三只冠麻鸭标本。结合中国古代工艺品上的冠麻鸭图案等大量事实，说明在古代冠麻鸭是一种东亚地区的人们较为熟悉和喜爱的珍贵鸟类，拥有一定的种群数量，或许是数量较为丰富和常见的一种鸭子。

朝鲜、韩国、日本等国的鸟类学家和国际鸟类保护组织于1983年开始进行了为期五年的对冠麻鸭的调查，但并没有找到冠麻鸭，也没有得到有关冠麻鸭的任何线索。我们于1985—1990年分别考察了长白山、鸭绿江、图们江、大小兴安岭等，得到了一些冠麻鸭可能还存在于我国的重要线索。1976年10月末，在鸭绿江河口不远的海滩上，有猎人看到8只冠麻鸭；1984年春天和秋天，有猎人在长白山大石头林业局看到4只冠麻鸭，集安鸭绿江段看到5只冠麻鸭；1986年春天，有猎人在图们江支流的一条林中河流看到2只冠麻鸭；最近一次是1987年5月，在大兴安岭的一条河流中，有30多年经验的猎人见到2只冠麻鸭。这些线索表明，在我国东北地区可能还存活着一个极小的冠麻鸭种群。

中华秋沙鸭和冠麻鸭有着共同的生态特征，即它们都在树洞中营巢，在较大的森林河流中繁殖。据推测，适合冠麻鸭繁殖的河流有着丰富的鲑鱼，如哲罗鱼、大马哈鱼等。冠麻鸭种群数量急剧减少或灭绝，可能与繁殖期雏鸭被鲑鱼捕食有一定的关系，而且冠麻鸭分布区域狭窄和栖息地减少也是一个重要的因素。

我们还没有更多信息来解释冠麻鸭濒危或灭绝的真正原因，我们对它的了解太少了。但是，冠麻鸭灭绝的影子，也多少折射着中华秋沙鸭的命运走向如何，我们应以此为鉴，大力加强对中华秋沙鸭的生态习性及影响其种群数量因素的观察研究，了解这一种群数量变化和威胁因素，进而采取相应的保护措施。

# 秋沙鸭的家族

中华秋沙鸭是雁形目秋沙鸭属的一种。秋沙鸭属的种类有奥克兰秋沙鸭、褐秋沙鸭、普通秋沙鸭、红胸秋沙鸭和中华秋沙鸭5种。其中，在南美洲的褐秋沙鸭和新西兰的奥克兰秋沙鸭分布于南半球，普通秋沙鸭、红胸秋沙鸭和中华秋沙鸭生活在整个北半球。

◎中华秋沙鸭

雌　雄

◎斑头秋沙鸭

雌　雄

◎红胸秋沙鸭

雌

雄

雄

雌

雄

◎普通秋沙鸭

雌

雄

雏鸭

雄

雌

◎中华秋沙鸭

秋沙鸭属的种类几乎都面临着濒临灭绝和已经灭绝的处境。它们有共同的喜好，那就是喜欢在森林河流中繁育后代和专注捕食鱼类，也许这种专一的生活习性是导致其濒危的根源。

除了普通秋沙鸭种群数量较多外，其他种类的数量都显得极少。新西兰的奥克兰秋沙鸭已经灭绝，它们在1973年后就完全没有了踪迹。奥克兰秋沙鸭的体型与红胸秋沙鸭相似，雄性有深红色的头部和灰色的身体，而雌性较小且有较短的冠。目前野外可能维持着不足300只的褐秋沙鸭种群，极度濒危。中华秋沙鸭则处于全球性濒危状态，而红胸秋沙鸭的种群数量也极少。影响秋沙鸭命运的主要原因是栖息地遭到广泛破坏，导致它们营巢环境和食物迅速减少，河流截流、河流污染、天敌捕食等也进一步加剧了其种群数量的减少。

# 现实与期盼

　　中华秋沙鸭是一种充满激情的鸭子，它们的动作敏捷而细腻，浮在安静的河水中，在碧波与阳光的映衬下，洁白的翼羽和腹羽美得有些夸张，平静的河面上尽显它们柔和的体态。中华秋沙鸭身体秀丽，有着修长的羽翼，飞行时展现出热情和惊人的速度。它们飞翔时发出

◎成对相依

有力的声音，这声音便是翅膀和空气摩擦的声音。河流的上空，中华秋沙鸭飞过去后声音渐渐消失了，但我仿佛仍能听见振翅的声音，然后余音渐渐地被河流的声音掩盖。

在任何时刻，我见到中华秋沙鸭时心情都格外激动。它们欢快地飞过来，缓慢地在水面上滑行片刻，收起翅膀，唰地落下来，潜下水，洗刷身体，跃出水面，左右拍打水面，激起水花，抖动翅膀。它们用轻盈、安静、带着一丝戒备的神态，环顾四周。在晨光或日暮里，它们的形态与游动的姿态，有着不可触摸的轻盈与愉悦，优美、敏捷，像精灵般记在我的脑海。

春天的到来，开启了我追随鸭子的旅途，秋天画上句号，等待着又一个春天的到来。每当来到中华秋沙鸭出没的地方，总会有机会面

◎中华秋沙鸭飞翔

◎中华秋沙鸭游动的姿态

对它们。它们那黑色的眼睛总是盯着我，我追逐了它们很多个春夏，伴随着喜悦、担忧和迷茫。

有一天，我在河岸边杂草丛生的地方，第一次看到死去的中华秋沙鸭，那脆弱而纤细的骨骼正在腐烂。在那些杂草丛生的地方，可能还有死去的精灵正在腐烂，变成有机体进入大自然物质的循环中。

人们关注这种美丽的鸟已有几十年的光景了，随着人们观察的机会增多，令人惋惜的消息也不断传来。有人在树洞巢里发现过死亡的雌鸟；有人目睹了一只棕黑锦蛇吞食了鸭子蛋；有人看见一只黄喉貂

◎雪中鸭舞

捕杀了正在孵蛋的雌鸟；有人在河岸草丛中发现一堆羽毛，春天冰面上死了两只身上没有任何可疑伤口的雄鸟；等等。有很多喜欢这种鸭子的人们为它们的命运担忧，想为它们的生存做些事情。

我很在意雏鸭的成活状况，这几十年都在寻找这漂泊不定的生灵，寻找雏鸭的过程让我的生命不断迸发出热情。我在数着每个家族雏鸭数量的变化，分析着雏鸭成活率与环境之间的关系，等待着那些雏鸭长大后飞向远方的时刻。

几十年来，我目睹了许多悲剧，比如，不知何时家族群丢失了几只雏鸭，观察跟踪的雌鸭和卵突然不见了。究竟发生了什么，让这些小精灵消失了？我推测可能是因为发大水，水太浑浊导致雏鸭无法正常觅食而死亡，或不慎被饥饿的肉食动物捕杀。雏鸭在出壳后的半个月期间数量减少最明显，在稍微长大后死亡的数量才减少了许多。自然界是残酷的，生和死对每个物种都是平等的，捕食和被捕食是生命延续的自然规律。

但是，我最担心的是人类对脆弱生态的干扰。这些鸭子在不断成长，对食物的需求不断增加，而贫乏的食物资源导致它们必须增加觅食时间和移动范围。可是，优质的环境已经被人类奇怪的欲望所占有，人类无情地掠夺走了它们生存的一片片净土。

中华秋沙鸭对自己生活的地方有着敏锐的感知力，每个地点都有其专属的色彩和意义。河面上的石头是一个温暖而视觉开阔的平台，是用于休息的港口；水流缓慢的河湾是鱼类集聚的地方，因此是鸭子们的猎食场；河岸伸向河面的茂密柳树丛是昆虫的天堂，是鱼类栖息的理想之地，是虎视眈眈等待填饱肚子的兽类出没的地方，也是鸭子容易被捕杀的地方。

我会坦然面对捕杀的血腥，同情被害者，但也愿意为那些为了生存而大开杀戒的动物辩护，所有野生动物在生命的某些阶段都会以活生生的血肉为食。那些看上去温顺美丽的紫貂、黄喉貂，它们就是在树上、地上欢快跳跃着的食肉动物，而各种各样的小鸟则是昆虫的杀手。我们不应只欣赏它们的歌声，而忘记了扼杀这歌声的正是杀害。同是属于这个地球的人类，一点儿也不比它们"逊色"，为了享受野味而大量捕杀野生动物，或为了木材而毒杀森林鼠类，破坏了整个有序运转的食物链。人类的有意或无意的猎杀，或直接或间接地干扰了鸭子的生活环境。

　　追寻中华秋沙鸭的岁月，我的确为它而痴迷。漫长的追逐还没有结束，我还没有真正读懂它们为什么濒危，它们还没有摆脱濒危的困境，它们的种群数量还不够大，还存在遗传基因多样性的问题。在一切还来得及的时候，我想留住这种无与伦比的美丽的鸟，还有这片它们喜欢的土地，让这片区域的河流变得更加慷慨、斑斓和富有，使这个美丽的生灵能够继续繁衍生存下去。